山丘坡地高效节水灌溉实用新型技术

阮清波 主编

中国水利水电出版社
www.waterpub.com.cn
·北京·

内 容 提 要

本书主要内容包括：高效节水灌溉工程系统组成与技术特点；山丘坡地高效节水灌溉灌水参数选择；山丘坡地管网布控技术与应用；山丘坡地管网布控简易配套技术；山丘区集雨太阳能提水调蓄灌溉技术与应用；水锤泵提水调蓄灌溉技术与应用；灌溉自动化控制系统与应用；山丘坡地高效节水灌溉辅助设计软件应用。

本书适合农田灌溉流域的科研、设计及普通技术人员参考，也适合高等院校相关专业的师生参考。

图书在版编目（CIP）数据

山丘坡地高效节水灌溉实用新型技术 / 阮清波主编
. -- 北京：中国水利水电出版社，2017.8
ISBN 978-7-5170-5820-5

Ⅰ．①山… Ⅱ．①阮… Ⅲ．①山地－甘蔗－栽培技术
－农田灌溉－节约用水 Ⅳ．①S566.107.1

中国版本图书馆CIP数据核字（2017）第217308号

书　　名	山丘坡地高效节水灌溉实用新型技术 SHANQIU PODI GAOXIAO JIESHUI GUANGAI SHIYONG XINXING JISHU
作　　者	阮清波　主编
出版发行	中国水利水电出版社 （北京市海淀区玉渊潭南路1号D座　100038） 网址：www.waterpub.com.cn E-mail：sales@waterpub.com.cn 电话：（010）68367658（营销中心）
经　　售	北京科水图书销售中心（零售） 电话：（010）88383994、63202643、68545874 全国各地新华书店和相关出版物销售网点
排　　版	中国水利水电出版社微机排版中心
印　　刷	天津嘉恒印务有限公司
规　　格	170mm×240mm　16开本　8印张　157千字
版　　次	2017年8月第1版　2017年8月第1次印刷
印　　数	0001—1000册
定　　价	38.00元

本 书 编 委 会

主　　编：阮清波

编写人员：李桂新　黄　凯　吴卫熊　余根坚

郭晋川　潘　伟　李　林　黄旭升

于颖多　何令祖　李剑锋　邵金华

周俭文　张廷强　范海帆　吴昌洪

韦继鑫　杨秀益　何　昌　卢兴达

前言 QI YAN

广西地处云贵高原东南边缘，地势由西北向东南倾斜，桂东、桂东北、桂中、桂南、桂西地形以中山、山丘为主，间以河谷平原、盆地、谷地；桂西北以石山为主，由于石灰岩地层分布广，岩层厚，质地纯，褶纹断裂发育，加上高温多雨的气候条件，形成典型的岩溶地貌。受灌溉条件的限制，广西水田主要分布在河谷平原、盆地、谷地及较低地势的丘陵区，而坡地则以旱作为主。

广西素有"八山一水一分田"之称，广西 6650 万亩耕地中，以种植甘蔗和玉米、红薯、木薯、花生、大豆等旱作物为主的坡耕地为 4300 万亩，其中甘蔗种植面积 1650 万亩，约占全国的 65%。由于山丘坡地地形变化大，传统渠道灌溉难以覆盖，广西坡耕地几乎无任何灌溉设施，坡耕地种植基本处于靠天吃饭、广种薄收的状况。由于缺乏有效灌溉，广西旱作物单产普遍不高，如依靠雨养的甘蔗单产仅为 4.5t/亩，如果有灌溉设施保障灌溉需求，甘蔗单产可提高到 7.0t/亩以上，亩均增产 50%，经济效益显著。

基于高效节水灌溉技术在其他地区的应用实践，为解决山丘坡地种植糖料蔗应用高效节水灌溉技术问题，从 2013 年开始，广西先后立项《广西糖料蔗高效节水灌溉发展模式研究》《广西百万亩糖料蔗高效节水灌溉关键技术集成与示范》等高效节水灌溉研究课题，围绕坡耕地灌水均匀性、灌溉自动化、太阳能提水和山区溪流水锤泵提水等方面，研发了山丘坡地高效节水灌溉在点源灌溉和面源灌溉条件下不同坡度和不同土壤类型的适宜灌水量和灌水强度、坡耕地管网布控技术及其相关简易配套技术、山丘区集雨太阳能提水调蓄灌溉技术、水锤泵提水调蓄灌溉技术以及灌溉自动化控制系统、辅助设计软件等实用新型技术，为山丘坡地规模化发展糖料蔗高效节水灌溉提供了重要支撑，本书即是这些成果的总结。由于广西糖料蔗高效节水灌溉工程基本是建在山丘坡地上，研究成果也是针对山丘坡地开展，因此糖料蔗高效节水灌溉研究取得的工程技术成果亦可通用于其他作物高效节水灌溉工程。本书可供山丘坡地其他作物推广高效节水灌溉时借鉴应用。

由于编者水平有限，书中难免存在不足之处，恳请广大读者批评指正。

编　者

2017 年 5 月

目录
MU LU

1 高效节水灌溉工程系统组成与技术特点

1.1 高效节水灌溉工程系统组成

1.1.1 高效节水灌溉工程分类

高效节水灌溉工程是指利用管道为主的输水系统辅以微灌、喷灌和低压管灌等田间灌溉技术建立起来的水利灌溉工程，包括微灌工程、喷灌工程和低压管灌工程。其中，低压管灌工程包括经过管道输水的田间畦灌（沟灌）、软管浇灌等的系统工程；喷灌工程包括固定管道式、半固定管道式、移动管道式、定喷式机组、行喷式机组等的系统工程；微灌工程包括滴灌、微喷灌、涌泉灌等的系统工程。

1.1.2 高效节水灌溉工程系统组成

各类高效节水灌溉工程均由水源取水工程、输配水系统、田间灌水设施、灌溉首部四部分组成。水源有河流、水库、机井、池塘等，取水工程包括水库、江河、塘坝等取水建筑物。输配水系统包括主、干、管径大于 63mm 的支管及管道控制阀门。田间灌水设施包括滴头、喷头、滴灌带或给水栓等各灌溉方式的灌水器和管径小于 63mm 的支管。灌溉首部分为首部枢纽和田间首部两类：首部枢纽包括泵站电机、水泵、过滤器、施肥器及其相应的控制和量测设备、保护装置；田间首部主要包括过滤器、施肥器及其相应的控制和量测设备、保护装置等。项目面积较大时，在水源处和项目区中适当位置分别设置首部枢纽和多个田间首部，小系统常将水源取水工程和灌溉首部合一布置，即不设置田间首部。灌溉控制阀门有手动、自动两种；施肥器根据用户需要配置。为便于集中管理，部分较大系统也采取合一布置，不设置田间首部。

微灌工程、喷灌工程和低压管灌工程系统组成的区别主要体现在灌水器及其相应配套的设施上，如滴灌工程需配套精细的水质净化过滤系统，而管灌工程一般不需配套过滤系统，喷灌工程一般不需配套过滤系统，但若水源水质较差时需配套粗滤的过滤系统。各类工程系统组成说明如下。

1.1.2.1 管灌工程系统组成

（1）水源取水工程。水源有井、泉、沟、渠道、塘坝、河湖和水库等，水质应符合 GB 5084—2005《农田灌溉水质标准》，且不含有大量杂草、泥沙等杂物。

井灌区的取水工程应根据用水量和扬程大小，选择适宜的水泵和配套动力机、压力表及水表，依据水泵和配套动力机布置要求规划建设泵房和管理用房；自流灌区或水库、江河、塘坝提水灌区的取水工程还应改进水闸、分水闸、拦污栅及泵房等配套建筑物。

（2）灌溉首部。加压灌区包括泵站电机、水泵及其相应的控制和量测设备、保护装置，自流灌区仅设置总控制阀，并在田间设置给水栓。

（3）输配水系统。包括管道输水灌溉系统中的各级管道、分水设施、保护装置和其他附属设施，在面积较大灌区，管网可由干管、分干管、支管和分支管等多级管道组成。

（4）田间灌水设施。管灌的田间灌水设施指出水口以下的田间部分，一般设置有给水栓，给水栓接田间畦灌（沟灌）时，它仍属地面灌水，因而应采取地面节水灌溉技术，以达到灌水均匀并减小灌水用量的目的。

1.1.2.2　喷灌工程系统组成

（1）水源取水工程。河流、渠道、塘库、泉井、湖泊都可以作为喷灌水源，但必须在灌溉季节能按时、按质、按量供水，水源取水工程同管灌工程。

水泵及动力机要能满足喷灌所需要的压力和流量要求，水泵可选择一般的农用水泵或专用喷灌泵。动力可采用柴油机和电动机，在山丘区，当水源有足够的自然水头，能满足喷灌压力需要时，可不用水泵或动力机，直接采用自压喷灌，能大幅度节省工程投资和能源费用。这是山丘区优选的喷灌工程形式。

（2）灌溉首部。在水源水质较差时需配套过滤系统，喷灌工程由喷灌支杆和喷头取代管灌工程的给水栓，其他同管灌工程。

（3）输配水系统。包括管道输水灌溉系统中的各级管道、分水设施、保护装置和其他附属设施，其作用是把经过水泵加压或自压的灌溉水输送到田间，因此，输配水管道要求能承受一定的压力和一定的流量，一般分为干管和支管两级，在面积较大灌区，可由干管、分干管、支管和分支管等多级管道组成。

（4）田间灌水设施。包括喷灌支管和喷头，喷头属喷灌的专用设备，也是喷灌系统最重要的部件，其作用是把管道中的有压集中水流分散成细小的水滴均匀地散布在田间。

1.1.2.3　滴灌工程系统组成

（1）水源取水工程。河流、渠道、塘库、泉井、湖泊都可以作为喷灌水源，但必须在灌溉季节能按时、按质、按量供水，水源取水工程同喷灌工程。

（2）灌溉首部。较大的滴灌工程灌溉首部一般分为首部枢纽和田间首部，灌溉控制设备设施与提水泵站或高位水池一起布置时属大系统首部枢纽，与田间各加压泵站相应布置时为分系统首部枢纽，灌溉控制设备设施在田间各分区布置时为田间首部。田间首部一般只设置灌溉控制阀、过滤器、肥液注入装置等。

首部枢纽的动力及加压设备包括水泵、电动机或柴油机及其他动力机械，除自压系统外，这些设备是滴灌系统的动力和流量源。

控制、量测设备包括水表和压力表，各种手动、机械操作或电动操作的闸阀，如水力自动控制阀、流量调节器等。安全保护设备如减压阀、进排气阀、逆止阀、泄排水阀等。

水质净化设备或设施有沉沙（淀）池、初级拦污栅、旋流分沙分流器、筛网过滤器和介质过滤器等，可根据水源水质条件，选用一种组合。

筛网过滤器的主要作用是滤除灌溉水中的悬浮物质，以保证整个系统特别是滴头不被堵塞。筛网多用尼龙或耐腐蚀的金属丝制成，网孔的规格取决于需滤出污物颗粒的大小，一般要清除直径 $75\mu m$ 的泥沙，需用 200 目的筛网。

砂砾料过滤器是用洗净、分选的砂砾石和砂料，按一定的顺序填进金属圆筒内制成的，对于各种有机或有机污物、悬浮的藻类都有较好的过滤效果。

旋流分沙分流器是靠离心力把比重大于水的沙粒从水中分离出来，但不能清除有机物质。

化肥及农药注入装置和容器包括压差式施肥器、文丘里注入器、隔膜式或活塞式注入泵，化肥或农药溶液储存罐等。它必须安装于过滤器前面，以防未溶解的化肥颗粒堵塞滴水器。化肥的注入方式有三种：①用小水泵将肥液压入干管；②利用干管上的流量调节阀造成的压差，使肥液注入干管；③射流注入。

（3）输配水系统。输配水系统由干管、分干管、支管、分支管和控制阀门组成。管道以 PVC、PE 材料的居多，管道阀门有手动、自动两种。输配水管道应埋设于冻土层以下，没有冻土层时亦应埋设在耕作影响层之下。

（4）田间灌水设施。包括管径在 63mm 以下的支管、毛管以及附在毛管上的滴头，毛管直径一般小于 25mm，毛管与滴头一起加工制作即为滴灌带。田间用水由毛管流进滴头，滴头将灌溉水流在一定的工作压力下注入土壤，它是滴灌系统的核心。水通过滴头，以一个恒定的低流量滴出或渗出后，在土壤中以非饱和流的形式在滴头下向四周扩散。目前，滴灌工程实际中应用的滴水器主要有滴头和滴灌带两大类。支、毛管及管件全部采用塑料材质，支管材质通常是高压聚乙烯，并做抗老化处理，毛管因可能布置在地表，对抗老化性能要求较高。

1.1.2.4　微喷灌工程系统组成

（1）水源取水工程。同滴灌工程，微喷灌也是有压灌溉，需利用位差形成自压供水或利用水泵加压供水，一般在水源处相应设置有调节阀、单向阀、流量计、压力表等。

（2）灌溉首部。为保证微喷灌系统的正常出流，水源取水处常需加装初级过滤设备和施肥装置形成首部枢纽。田间首部的过滤器一般为二级过滤器，过滤器的类型为筛网或叠片式，微喷灌所需的过滤精度一般为 80 目，有田间首部过滤

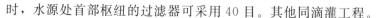

时，水源处首部枢纽的过滤器可采用 40 目。其他同滴灌工程。

（3）输配水系统。同滴灌工程，输配水系统由干管、分干管、支管、分支管和控制阀门组成。管道以 PVC、PE 材料的居多，管道阀门有手动、自动两种。输配水管道应埋设于冻土层以下，没有冻土层时亦应埋设在耕作影响层之下。

（4）田间灌水设施。包括管径在 63mm 以下的支管、毛管及微喷头，毛管直径一般小于 25mm，毛管与微喷头一起加工制作即为微喷带。支、毛管及管件全部采用塑料材质，支管材质通常是高压聚乙烯，并做抗老化处理，毛管因布置于地表，对抗老化性能要求较高。

1.1.2.5 涌泉灌（小管出流）工程系统组成

小管出流灌溉工程由水源取水工程、灌溉首部、输配水系统、田间灌水设施组成。水源取水工程、灌溉首部和输配水系统与滴灌、微喷的类同，包括水泵、动力机、过滤器、施肥装置、调节装置、量测设备和干、支管道等。

田间灌水设施，包括管径在 63mm 以下的支管、毛管及灌水器，毛管直径一般小于 25mm。灌水器采用内径为 3mm、4mm、6mm 的小管及管件组成，呈射流状出流，为使水流集中于作物主要根区部位，需要相应的田间配套设施，如顺流格沟和麦秸覆盖等形式。支、毛管及管件全部采用塑料材质，支管材质通常是高压聚乙烯，并做抗老化处理，毛管因可能布置在地表，对抗老化性能要求较高。

1.2 高效节水灌溉技术特点

高效节水灌溉技术包括高效节水灌溉工程中的微灌、喷灌和低压管灌等田间灌溉技术，低压管灌包括经过管道输水的田间畦灌（沟灌）和软管浇灌；喷灌包括固定管道式喷灌、半固定管道式喷灌、移动管道式喷灌、定喷式机组喷灌、行喷式机组喷灌；微灌包括滴灌、微喷灌、涌泉灌（小管出流）等。各种灌溉方式中，还相应包含是否远程控制、精准施肥（水肥一体化）等智能灌溉模式。

1.2.1 低压管灌技术特点

管道输水灌溉是以管道代替明渠输水灌溉的一种工程形式，水由分水设施输送到田间。管道输水灌溉按固定方式可分为移动式、半固定式和固定式：

（1）移动式。除水源外，管道及分水设备都可移动，机泵有的固定，有的也可移动，管道多采用软管，简便易行，一次性投资低，多在井灌区临时抗旱时应用，但是劳动强度大，管道易破损。

（2）半固定式。其管道灌溉系统的一部分固定，另一部分移动。一般是水源固定，干管或支管为固定地埋管，由分水口连接移动软管输水进入田间。这种形式工程投资介于移动式和固定式之间，比移动式劳动强度低，但比固定式管理难

度大，经济条件一般的地区，宜采用半固定式系统。

（3）固定式。管道灌溉系统中的水源和各级管道及分水设施均埋入地下，固定不动。给水栓或分水口分水后直接进入田间的称为沟、畦灌，给水栓或分水口后连接软管进行人工浇灌的称为软管浇灌。田间毛渠较短，固定管道密度大，标准高，这类系统一次性投资大，但运行管理方便，灌水均匀。有条件的地方应推行固定式。

管道输水有多种使用范围，大中型灌区可以采用明渠水与管道有压输水相结合，有专门为滴灌、微喷、喷灌供水的压力输水管道，还有为田间沟畦和软管浇灌的低压管道输水。低压管道输水灌溉简称管灌，其工作压力低于 0.2MPa，管灌仍属地面灌溉技术，是高效节水灌溉中的粗放型式，适于项目建成后仍为管理比较粗放的分散农户经营管理、地形较平坦、供水能力大、用水成本较低的蔗区应用。管灌的主要技术特点如下：

（1）出水不堵。管灌给水栓，亦即出水阀，出水口管径规格为 50～90mm，管灌出水口流量大，出口不会发生堵塞。

（2）应性强。压力管道输水，可以越沟、爬坡和跨路，不受地形限制，施工安装方便，便于群众掌握，便于推广。配上田间地面移动软管可将水小流量、短时间地供应到作物根系分布范围的穴坑中，从而解决零散地块浇水问题，适合分散农户的生产形式。

（3）节水节能。管道输水可减少渗漏损失和蒸发损失，与土垄沟相比，管道输水损失可减少 5%，水的利用率比土渠提高了 30%～40%，比混凝土等衬砌方式节水 5%～15%。对提水灌区，节水就意味着降低能耗。

（4）省地、省工。用土渠输水，田间渠道用地一般占灌溉面积的 1%～2%，有的多达 3%～5%，而管道输水，干管和支管埋于地下，只占灌溉面积的 0.5%，提高了土地利用率。同时管道输水速度快，避免了跑水漏水现象，缩短了灌水周期，节省了巡渠和清淤维修用工。

（5）投资小、效益高。管灌投资比喷、微灌投资要低，同等水源条件下，由于能适时适量灌溉，满足作物生长期需水要求，因而起到增产增收作用。

1.2.2 喷灌技术特点

喷灌是利用专门设备将有压水流通过喷头喷洒成细小水滴，落到土壤表面进行灌溉的方法。喷灌系统种类繁多，根据其设备组成可分为管道式和机组式喷灌。管道式喷灌又可分为固定式、半固定式和移动式管道喷灌。机组式喷灌可分为轻小型机组式、滚移式、时针式（中心支轴式）、大型平移式和绞盘式等形式，总的分两类，一是定喷式机组喷灌，二是行喷式机组喷灌。目前应用较多的是固定式管道喷灌、半固定管道式喷灌和轻小型机组式喷灌三种。另外，针对南方山丘坡地地形变化，提出了梯田喷灌、软管喷灌（自压喷灌、机动喷灌、微型喷灌）等形式。

喷灌是通过喷头将水喷射到空中，形成细小的水滴，均匀地洒落在地面，湿润土壤并满足作物需水的要求。喷灌几乎适用于所有的旱作物，既适用于平原，也适用于山区；既适用于透水性强的土壤，也适用于透水性弱的土壤；不仅可以用于灌溉，还可以用于喷洒农药、肥料、防霜冻和防尘等。喷灌技术特点主要如下：

（1）节水省肥。灌溉深度和灌溉水量高度控制，可适时适量为作物提供适宜的水分条件，且水分和养分主要分布在作物根系层，灌溉根据土壤的入渗系数确定，不产生地表径流、积水，不产生明显的深层渗漏，提高了水分养分的利用率；喷灌后地面湿润均匀，均匀度可达 0.8～0.9。

（2）对地形和土质适应性强。山丘区地形复杂，修筑渠道难度较大，喷灌采用管道输水，管道布置对地形条件要求较低；另外，喷灌可以根据土壤质地轻重和透水性大小合理确定水滴大小和喷灌强度，避免造成土壤冲刷和深层渗漏。

（3）增湿增产。喷灌像下雨一样灌溉作物，不会破坏土壤结构，还可以调节田间小气候，增加近地表空气湿度，并能冲掉作物茎叶上的尘土，有利于作物呼吸和光合作用，同时喷灌主要湿润作物根系分布层的土壤，土壤水分的运动为非饱和运动，不影响土壤的通气性，利于作物生长，因此有明显的增产效果。

（4）操作简单，易于推广。喷灌系统支管（支杆，含喷头）与干管连接处有快速接头，易于连接和拆卸；支管为轻型材料，易于移动。

（5）设备利用率高。喷灌系统的支杆可移动，可在不同地块循环利用支杆，提高了设备利用率，降低了投资成本。

（6）节地省工。喷灌利用管道输水，固定管道可以埋于地下，与传统渠灌相比，没有渠系和田埂占地，减少沟渠占地，比明渠输水的地面灌溉减少占地 5％～15％；喷灌如利用自动化控制，可大大减轻劳动强度，节省大量劳动力。

（7）天气情况对喷灌质量影响较大。主要是受风的影响大，当风级在 3 级以上时，水滴在空中易被吹走，从而降低均匀度，增加蒸发损失。其次是天气干燥时，水滴在空中的蒸发量也加大，不利于节约用水。因此，在多风或干旱季节，应在早上或晚上进行喷灌。

常用固定式、移动式、半固定式管道喷灌和轻小型机组式喷灌比较见表 1-1。

1.2.3 微灌技术特点

微灌是通过管道系统与安装在末级管道上的灌水器，将水和作物生长所需的养分以较小的流量，均匀、准确地直接输送到作物根部附近土壤的一种灌水方法。微灌属局部灌溉范畴，是一种局部灌溉方式，微灌系统工作压力小于 0.25MPa，主要包括滴灌、微喷灌、涌泉灌（小管出流）等，微灌主要技术特点如下：

表1-1 常用固定式、移动式、半固定式管道喷灌和轻小型机组式喷灌比较表

类 型		优 点	缺 点
管道式	固定式	使用方便，劳动生产率高，节省劳力，运行成本低（高压除外），占地少，喷灌质量好	需要管材多，一次性投资大
	移动式	投资最少，移动方便，动力便于综合利用，设备利用率高	沟渠占地多，移动劳动强度大，喷灌质量差
	半固定式	投资和管材量介于固定式和移动式之间，占地较少，喷灌质量好，运行成本低	操作不便，移动管道时易损坏作物
轻小型机组式		形式简单，适用灵活，单位面积设备投资最低，东北、西北发展较多	沟渠占地多，喷灌质量差

（1）小流量、长时间、高频率灌溉。

（2）水和液体肥料通过灌水器供应到作物根系分布的土壤内，为典型的局部灌溉。

（3）灌水器流量根据土壤的入渗率和扩散率确定，地表湿润范围小。

（4）滴灌除了灌水器附近、涌泉灌和微喷灌除了射流洒落的地方可能出现局部的饱和区外，其他地方土壤水分运动均为非饱和运动。

（5）不影响土壤的通气性，不明显影响土壤温度。

（6）增产、节水、节肥、省工、节能，提高作物品质，并可使作物提早上市。

（7）不需要平地，不影响田间管理与收获活动。

1.2.3.1 滴灌技术特点

滴灌是利用专门灌溉设备，灌溉水以水滴状流出浸润作物根区的灌水方法。相对于传统灌溉技术，滴灌具有投资小、节省劳力、节水增产效果更加突出的特点，配合高密栽培、水肥耦合等农艺技术，作物单产可实现突破性的飞跃，广受农民欢迎，是目前较为成功的高效节水灌溉模式之一。滴灌以水滴的形式缓慢而均匀地滴入植物根部附近土壤，其按灌水器在田间的布设形式分为地下滴灌和地表滴灌，按系统首部设施及输配水管道固定形式分为固定式、半固定式、全移动式，按系统工作压力来源分为加压式和自压式，按种植作物可分为粮食经济作物滴灌、瓜果蔬菜甘蔗滴灌和经济林、生态林滴灌，按智能灌溉模式可分多用户远程控制IC卡系统及精确施肥灌溉模式、统一管理IC卡电表计费系统及精确施肥灌溉模式、集约化管理远程遥控和实时监控精确施肥模式、统一管理手动控制模式、统一管理全自动控制模式、精确施肥灌溉重力模式，滴灌带分为贴片式滴灌带和迷宫式滴灌带。滴灌主要技术特点如下：

（1）在滴灌条件下水的有效利用率高，灌溉水湿润部分为土壤表面，可有效减少土壤水分的无效蒸发。同时，由于滴灌仅湿润作物根部附近土壤，其他区域

土壤水分含量较低，因此，可防止杂草的生长。滴灌系统不产生地面径流，且易掌握精确的施水深度，非常省水。

（2）环境湿度低 滴灌灌水后，土壤根系通透条件良好，通过注入水中的肥料，可以提供足够的水分和养分，使土壤水分处于能满足作物要求的稳定和较低吸力状态，灌水区域地面蒸发量也小，这样可以有效控制保护地内的湿度，使保护地中作物的病虫害的发生频率大大降低，也降低了农药的施用量。

（3）提高作物产品品质 由于滴灌能够及时适量供水、供肥，它可以在提高农作物产量的同时，提高和改善农产品的品质，使保护地的农产品商品率大大提高，经济效益高。

（4）滴灌对地形和土壤的适应能力较强。由于滴头能够在较大的工作压力范围内工作，且滴头的出流均匀，所以滴灌适宜于地形有起伏的地块和不同种类的土壤。同时，滴灌还可减少中耕除草，也不会造成地面土壤板结。

（5）省水省工，增产增收。因为灌溉时，水不在空中运动，不打湿叶面，也没有有效湿润面积以外的土壤表面蒸发，故直接损耗于蒸发的水量最少；容易控制水量，不致产生地面径流和土壤深层渗漏；可以比喷灌节水 35%～75%。对水源少和缺水的山区实现水利化开辟了新途径。由于株间未供应充足的水分，杂草不易生长，因而作物与杂草争夺养分的干扰大为减轻，减少了除草用工。由于作物根区能够保持着最佳供水状态和供肥状态，故能增产。

（6）灌水器出口很小，易受水中的杂质、矿物质和有机物影响，使毛管滴头堵塞；对管理人员的能力要求较高，后期滴灌带消耗更换工作量较大，维护管理成本较高。

1.2.3.2 微喷灌技术特点

微喷灌是利用专门灌溉设备将有压水送到灌溉地块，通过安装在末级管道上的微喷头进行喷洒灌溉的方法。微喷头有固定式和旋转式两种，前者喷射范围小、水滴小，后者喷射范围较大、水滴也大些，其安装间距也相对大些，微喷头的流量通常为 20～250L/h。另外，微喷带也属于微喷灌系列，微喷带也称为多孔带、喷水带，是在可压扁的塑料软管上采用机械或激光直接加工出水小孔，进行微喷灌的材料。

微喷灌按照作物需水要求，通过微喷头将作物生长所需的水和养分以较小的流量均匀、准确地直接输送到作物根部附近的土壤表面，使作物根部的土壤经常保持在最佳水、肥、气等状态。微喷灌的灌水流量小，一次灌水延续时间长，需要的工作压力较低，能够较精确地控制灌水量，灌水均匀度高，有利于增产、提高产品质量。微喷灌除具有滴灌的技术特点外，也兼具有喷灌的部分技术特点，具体如下：

（1）节水效果更好，微喷灌可以有选择地对局部作物根系集中的地方喷洒灌水，减少了土壤无效耗水，因而节水效果比喷灌更好。

（2）灌水质量高，微喷灌喷水如牛毛细雨，有利于作物根系发育，且不会引起土壤板结，还能改善田间小气候，使株间湿度提高20%，温度降低3～5℃，消除作物"午睡"现象，促进作物正常生长；同时微喷灌水滴小，无打击力，不会损伤作物嫩叶幼芽。

（3）适应性强，微喷灌由于水量微小，不会在黏性土壤中产生径流，也不会在沙性土壤中产生渗漏，对土质的适应性强。既可用于平原，也可用于丘陵坡地，对地形的适应性强。

（4）防堵性能好，微喷头的出水孔径和出水流速大于滴头，所以相比滴灌堵塞的可能性大大减少。同时也降低了对水质过滤的要求，相对降低了过滤设备成本。

（5）应用范围广，微喷灌系统可以进行水肥同灌，叶面和地面共施，提高了施肥喷药的效率，节省了肥药用量。

（6）布置在田间的设施密度较高，在大田作物中安装受到一定限制；对水源水质要求比喷灌高。

1.2.3.3　涌泉灌（小管出流）技术特点

涌泉灌也称为小管出流，是利用水泵加压或地面的自然坡降产生的压力水，通过管道系统与末级配水管上的灌水器（塑料小管），将水呈射流状输送到作物附近的环沟内或顺行格沟内的灌水方法。

涌泉灌（小管出流）是用塑料小管与插进毛管管壁的接头连接，把来自输配水管网的有压水以细流（或射流）形式灌到作物根部的地表，再以积水入渗的形式渗到作物根区土壤。涌泉灌的关键部件是稳流器（即灌水器），其要求的工作压力范围为$1～3.5kg/cm^2$，稳流流量有30L/h、40L/h、50L/h、60L/h、70L/h、80L/h。涌泉灌（小管出流）的主要技术特点如下：

（1）堵塞问题小，水质净化处理简单。过滤器只需要60～80目/英寸即可，冲洗次数少，管理简单。

（2）省水效果好，比渠灌省水60%以上；但涌泉灌灌溉水为射流状出流，地面有水层，需要相应的田间配套工程使水流集中于作物主要根区部位。

（3）浇地效率高，劳动强度小，管理方便，运转费用低。管网全部埋于地下时，小管也随之埋于地下，只露出10～15cm的出水口，不会受自然力和人为的破坏，维修费少；加之小管出流灌溉的工作水头较低、耗电量少，运行费用低。

由于在灌溉时，当水流的下渗及侧渗与来水在达到一定平衡且来水大于入渗速度后，水流才能靠自身积聚的水头向前流动，因此平坡时，由于水分在土壤中的下渗较快，难以形成地面径流，土壤湿润只能依靠侧向渗吸来缓慢地扩大其范

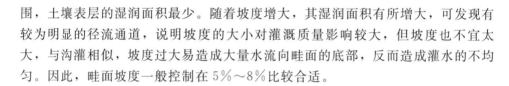

围，土壤表层的湿润面积最少。随着坡度增大，其湿润面积有所增大，可发现有较为明显的径流通道，说明坡度的大小对灌溉质量影响较大，但坡度也不宜太大，与沟灌相似，坡度过大易造成大量水流向畦面的底部，反而造成灌水的不均匀。因此，畦面坡度一般控制在5%～8%比较合适。

1.3　高效节水灌溉方式的选择和发展要求

1.3.1　高效节水各灌溉方式的选择原则

高效节水灌溉有低压管灌、喷灌和微灌三大类，并细分有多种灌溉方式，每一种灌溉方式均有其技术特点，项目灌溉技术的选择应根据项目区水源、地形地貌、土壤、间种作物、耕作方式、动力资源以及建后经营管理意愿和管理水平等因素，因地制宜选择经济、适用，群众易于接受，同时适合当地管理的高效节水灌溉方式。

选择灌溉方式时应遵循以下原则：

（1）充分论证，尊重工程建后受益主体的意愿，如项目建成后为管理比较粗放的分散农户经营管理的项目区，水源充沛的宜采用低压管灌方式（含田间沟灌和淋灌的方式）或半固定式喷灌（可配轻小型喷灌机组）；项目建成后为专人集中经营管理的项目区，可选择滴灌（含地表滴灌和地埋滴灌）、微喷灌或喷灌（含固定式喷灌和指针式喷灌等）。

（2）因地制宜，充分结合区域自然条件因素，提出各分区的不同灌溉方式。

（3）科学合理，重点考虑灌溉成本及效益关系，统筹考虑自身承担能力以及对产量的期望，再做出灌溉方式的选择。

（4）统筹协调，要与农艺农机措施相适应，结合机械化耕种和收割、土地整治、田间道路规划等要求，选择适合的灌溉方式，并对田间工程布设和管护进行改良，以降低运行管护成本，提高投入产出比，促进用户增产增收，保障高效节水灌溉设施持续发挥效益。

1.3.2　地方发展高效节水灌溉的要求

大力发展高效节水灌溉是提高农业综合生产能力、建设现代农业的关键措施，要积极稳妥推进各地高效节水灌溉工程建设，各地应考虑完善以下要求：一是要把发展高效节水灌溉与改善农业生产条件、促进农业结构调整和增加农发收入结合起来，建立完善的政策保障体系；二是要以提高用水效率和综合生产能力为目标，以水资源承载能力分析和建立强制节水、效益节水两套指标为手段，建立科学的高效节水灌溉规划体系；三是要大力引进先进科学技术，开展高效节水灌溉技术、设备设施研究，建立完善高效节水灌溉技术研究、产品推广体系；四是要加大节水灌溉技术推广服务体系的建设步伐，突出受益农户在发展高效节水灌溉中的主体地位，充分发挥水利技术人员在高效节水灌溉中的主体作用；五是要因地制宜，分类指导，针对不同区域和不同作物，指导农民或种植大户推广多种节水工程农业综合节水措施；六是建立多元化的节水灌溉投入机制，多渠道筹集建设资金，推进高效节水灌溉规模化发展；七是要加大宣传力度，提高农民的节水意识，使农业节水成为受益农户的自觉行动。

2 山丘坡地高效节水灌溉灌水参数选择

土壤水分运移规律和分布特征是影响灌水效率和灌水效果的重要因素。灌水方式、土壤类型、灌水强度、灌水量等因素对土壤水分运移规律和分布特征有较大影响，弄清这些因素的影响是合理确定山丘坡地高效节水灌溉工程基本设计参数的基础。本章通过在典型土壤水分运移规律研究的基础上，提出了不同灌水方式和土壤类型条件下适宜的灌水强度、灌水量等灌水参数，可有效指导灌溉工程设计和日常运行管理。

虽然目前常用的节水灌溉方式有喷灌、微喷灌、地表滴灌、地埋滴灌等多种形式，但就土壤水分运移而言，主要分为点源灌溉（地表滴灌、地埋滴灌等）和面源灌溉（喷灌、微喷灌）两种类型，相关说明如下。

2.1 广西坡耕地主要土壤特性

除水田外，广西耕地大部分是坡耕地，坡耕地主要土壤类型以第四纪红土母质发育的酸性土壤为主，约占坡耕地总面积的70%，其中红土中又以赤红壤居多，石灰岩土壤也较多，占20%～30%，还有少量硅质土和砾质土等。坡耕地分布于丘陵斜坡、峰林谷地及溶蚀平原，土层浅薄而紧实，土中含铁锰结核或砾石较多；土壤以酸性—微酸性土为主，土壤 pH＝5.0～5.5，土壤全磷和有效磷含量较低，普遍缺磷；多数土壤母质含钾量偏低，土壤淋溶强烈。相关部门对广西红壤土、赤红壤耕作层土壤养分分析显示，广西坡耕地土壤酸性，有机质含量中等偏低，有效磷、有效钾缺乏。代表性土壤类型有黏土、粉质黏土、粉沙质黏壤土、壤质砂土。坡耕地代表性土壤参数分析结果见表 2-1。

表 2-1　　　　　　　　坡耕地代表性土壤参数分析结果

土壤类型	干密度 /(g/cm³)	饱和含水率	田间持水率	初始含水率	饱和渗透系数 /(cm/h)
黏土	1.12	0.577	0.458	0.158	1.19
粉质黏土	1.19	0.539	0.414	0.132	1.24
粉沙质黏壤土	1.27	0.463	0.350	0.104	1.56
壤质砂土	1.55	0.336	0.213	0.065	1.96

2.2 点源灌溉条件下山丘坡地主要灌水参数选择

2.2.1 点源灌溉条件下土壤水分分布规律

在滴头流量为 1.36L/h、总灌水量为 18L 条件下，上述 4 种类型土壤在不同灌水时间下的湿润体形状如图 2-1 所示。灌水结束后的土壤含水率等值线如图 2-2 所示。

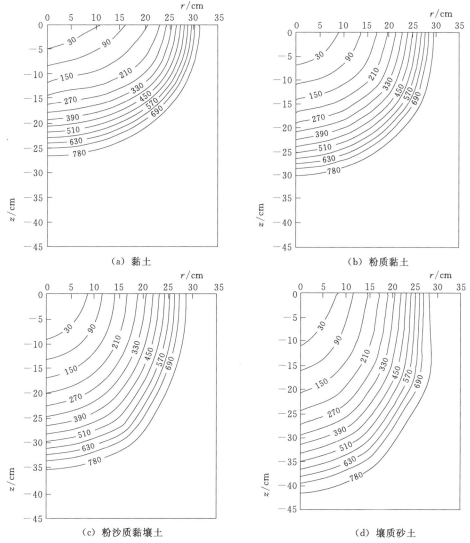

图 2-1 不同类型土壤在不同灌水时间下的湿润体形状

注：图中曲线上数字代表灌水时间，单位为 min。

13

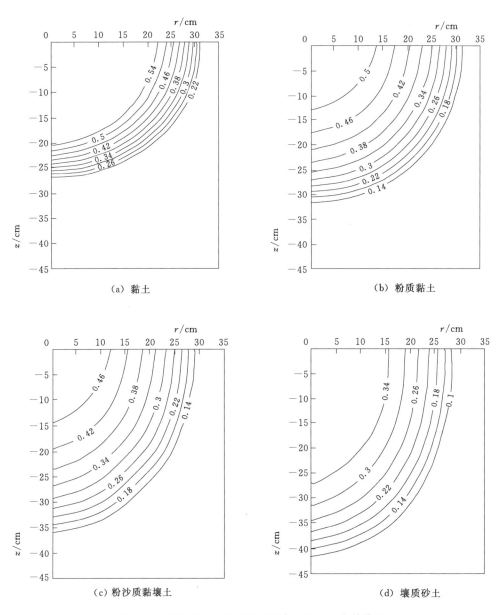

图 2-2 不同类型土壤在灌水结束后的含水率等值线

为便于运用,将径向湿润距离（r）与垂直湿润距离（z）的比值（r/z）定义为宽深比。由图 2-1 及表 2-2 可见,4 种类型土壤中:黏土宽深比较大,粉质黏土次之,粉沙质黏壤土再次之,壤质砂土宽深比较小。可见土壤的宽深比与土壤质地直接相关,黏性越大的土壤,其宽深比越大。

表 2-2 试验土壤宽深比 r/z 与灌水时间的关系

土壤类型	灌 水 时 间/min												
	30	90	150	210	270	330	390	450	510	570	630	690	780
黏土	2.50	2.32	1.71	1.65	1.54	1.40	1.38	1.33	1.29	1.26	1.23	1.20	1.17
粉质黏土	1.38	1.33	1.24	1.20	1.13	1.08	1.04	1.02	1.01	1.01	1.00	1.00	0.99
粉沙质黏壤土	0.96	0.92	0.90	0.89	0.86	0.85	0.83	0.83	0.82	0.82	0.82	0.82	0.81
壤质砂土	0.73	0.73	0.72	0.72	0.72	0.71	0.70	0.70	0.69	0.68	0.68	0.68	0.67

土壤湿润体形状特征对灌溉系统设计非常重要。在灌溉过程中，由于纵向湿润距离（z）不易观察，可以根据土壤类型对应的宽深比（r/z）和径向湿润距离（r）判断，如对于坡耕地上的糖料蔗区：黏土、粉质黏土的宽深比大于 1，生育初期，径向湿润距离（r）达到 20cm 左右即可，生育旺盛期，径向湿润距离（r）达到 30cm 左右即可；粉沙质黏壤土、壤质砂土的宽深比为 $0.6\sim0.8$，生育初期，径向湿润距离（r）达到 15cm 左右即可，生育旺盛期，径向湿润距离（r）达到 25cm 左右即可。

由图 2-2 可知，4 种土壤的含水率等值线变化的趋势一致，均呈现距滴头越近，土壤含水率越高且变化越缓，湿润体周边，土壤含水率变化较陡。黏性较强、持水能力较强的土壤，湿润体的体积相对较小，土壤含水率相对较高，土壤水分集聚在上部土层，黏性较弱、持水能力较弱的土壤，湿润体的体积相对较大，土壤含水率相对较低，土壤水分下渗的趋势明显。

土壤水分分布规律，对坡耕地耕作及滴灌系统运行管理具有重要的指导意义：对于黏性较强、持水性较强的土壤，应通过农艺措施增加其水分的纵向入渗能力，达到保水保墒的目的，在日常灌水过程中，易采用少量多次的灌水方法，既能保持土壤的含水率始终在作物生长适宜的范围内，又不会因一次灌水量较大而形成较大的饱和区，降低土壤的通气性，且易造成土壤板结；对于黏性较弱、持水性较弱的土壤，应合理控制单次灌水量，以减少深层渗漏。

2.2.2 滴头流量

滴头流量是滴灌系统设计的重要参数之一。传统滴灌工程设计中，一般需根据土壤灌水均匀性、工程建设投资、工程运行管理等选定滴头流量。在点源灌溉条件下滴头流量对土壤灌水均匀性的影响如下。

表 2-3 及图 2-3～图 2-6 给出不同滴头流量条件下土壤湿润体内含水率分布情况及相应的灌水均匀度。可以看出，滴头流量对灌水均匀度略有影响，灌溉相同的水量，选择流量较大的滴头，灌水时间短，湿润体会略小，灌水均匀度略有提高，但总体效果并不明显，通过采用较大滴头流量来大幅提高灌水均

匀性的做法不可行。因此，选取滴灌带时不应将滴头流量作为影响灌水均匀性的主要参数，而应重点考虑工程建设投资、工程运行管理等条件选定适宜的滴头流量。

表 2-3 　　　　　　　　滴头流量对土壤灌水均匀度的影响

土壤类型	灌水量/L	滴头间距/cm	初始土壤含水率	滴头流量/(L/h)	图号	最大湿润深度/cm	交汇深度/cm	灌水均匀度/%
黏土	10.0	50	0.275（田间持水量的60%）	1.36	2-3(a)	30.0	14.3	47.70
				2.20	2-3(b)	27.5	15.6	56.70
				2.80	2-3(c)	26.3	15.7	59.70
粉质黏土	9.0	50	0.248（田间持水量的60%）	1.36	2-4(a)	31.7	22.0	69.40
				2.20	2-4(b)	28.8	20.3	70.49
				2.80	2-4(c)	27.3	19.3	70.70
粉沙质黏壤土	8.0	40	0.210（田间持水量的60%）	1.36	2-5(a)	32.5	25.3	77.85
				2.20	2-5(b)	30.0	23.5	78.33
				2.80	2-5(c)	27.1	21.6	79.70
壤质砂土	7.0	40	0.128（田间持水量的60%）	1.36	2-6(a)	34.5	27.5	79.71
				2.20	2-6(b)	33.0	26.5	80.30
				2.80	2-6(c)	32.0	25.9	80.94

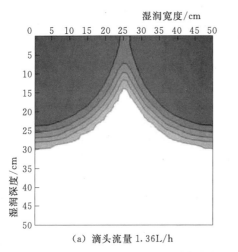

（a）滴头流量 1.36L/h

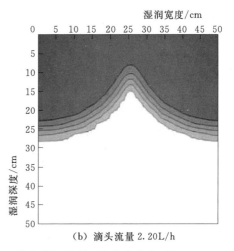

（b）滴头流量 2.20L/h

图 2-3（一）　黏土不同滴头流量湿润体内模拟的剖面含水率分布图

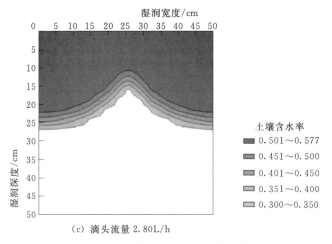

（c）滴头流量 2.80L/h

图 2-3（二）　黏土不同滴头流量湿润体内模拟的剖面含水率分布图

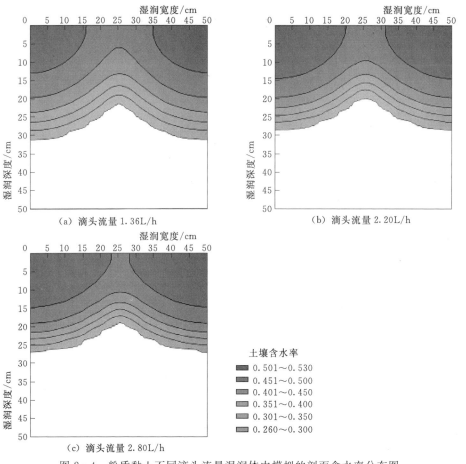

（a）滴头流量 1.36L/h

（b）滴头流量 2.20L/h

（c）滴头流量 2.80L/h

图 2-4　粉质黏土不同滴头流量湿润体内模拟的剖面含水率分布图

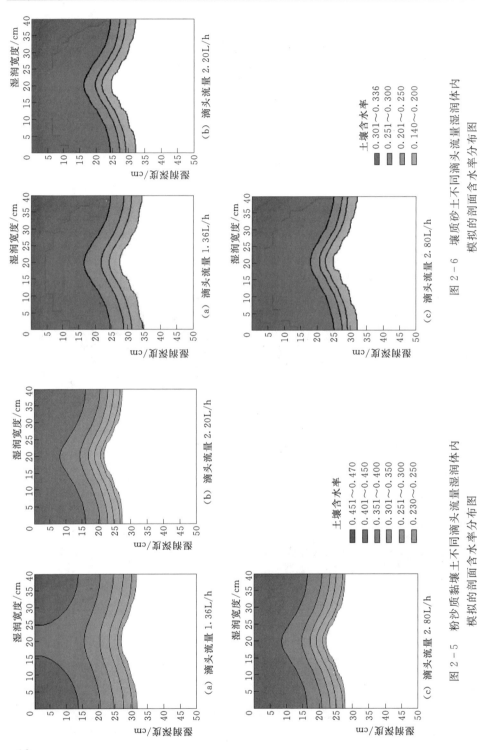

图 2-5　粉沙质黏土不同滴头流量湿润体内模拟的剖面含水率分布图

图 2-6　壤质砂土不同滴头流量湿润体内模拟的剖面含水率分布图

2.2.3 滴头间距

滴头间距也是滴灌系统设计的重要参数之一。在传统滴灌工程设计中，一般需根据土壤灌水均匀性、工程建设投资、工程运行管理等选定滴头间距。在点源灌溉条件下滴头间距对土壤灌水均匀性的影响如下。

表2-4及图2-7~图2-10给出不同滴头间距条件下土壤湿润体内含水率分布情况及相应的灌水均匀度。可以看出，滴头间距对灌水均匀度影响非常明显，灌溉相同的水量，选择较小滴头间距的滴灌带，其灌水均匀度明显高于选择较大滴头间距的滴灌带。因此，选取滴灌带时应将滴头间距作为影响灌水均匀性的主要参数，针对滴灌常采用的30cm、40cm、50cm三种滴头间距，选取滴头间距30cm的滴灌带灌水均匀度较好，建议优先采用。另外，根据计算，采用滴头流量与滴头间距组合为2.20L/h与40cm、2.80L/h与40cm的滴灌带也能满足灌水均匀性要求，但滴头间距为50cm时，滴灌带的灌水均匀性较差，滴灌工程中不宜采用。

表2-4　　　　　　　　　滴头间距对土壤灌水均匀度的影响

土壤类型	灌水量/L	初始土壤含水率	滴头流量/(L/h)	滴头间距/cm	图号	最大湿润深度/cm	交汇深度/cm	灌水均匀度/%
黏土	10.0	0.275（田间持水量的60%）	1.36	30	2-7(a)	32.5	32.0	98.50
				40	2-7(b)	31.2	24.8	79.50
				50	2-7(c)	30.0	14.3	47.70
粉质黏土	9.0	0.248（田间持水量的60%）	1.36	30	2-8(a)	33.8	33.4	98.82
				40	2-8(b)	31.58	26.2	82.96
				50	2-8(c)	31.7	22.0	69.40
粉沙质黏壤土	8.0	0.210（田间持水量的60%）	1.36	30	2-9(a)	33.5	32.5	97.01
				40	2-9(b)	32.5	25.3	77.85
				50	2-9(c)	31.7	19.7	62.54
壤质砂土	7.0	0.128（田间持水量的60%）	1.36	30	2-10(a)	35.0	34.0	98.60
				40	2-10(b)	34.5	27.5	79.71
				50	2-10(c)	34.0	17.5	51.50

2.2.4 适宜灌水量

灌水量是确定滴灌系统单次灌水时间和制定系统轮灌制度的重要指标，直接影响工程供水标准及运行成本。以糖料蔗区滴灌为例，采用滴灌的蔗田普遍采用宽窄行（宽行行距1.2~1.3m、窄行行距0.4~0.5m）种植，滴灌带置于窄行中间，一带灌溉两行，灌溉方式普遍采用轮灌，由于滴灌属局部灌溉，灌水量较少，

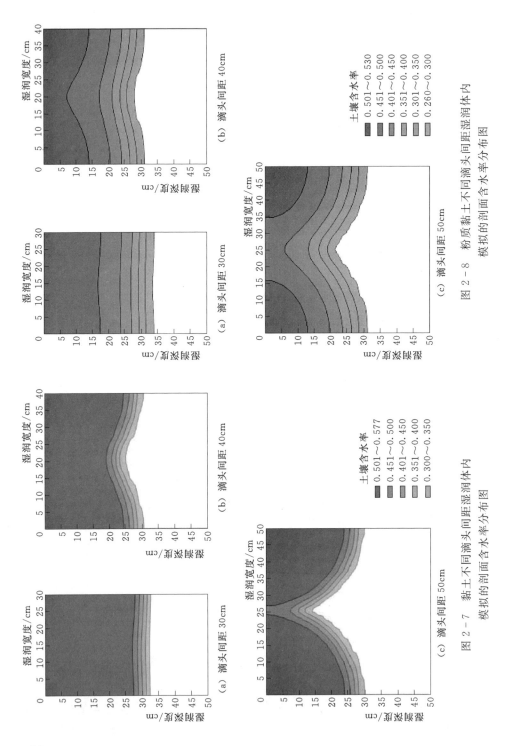

图 2-8　粉质黏土不同滴头间距湿润体内
模拟的剖面含水率分布图

图 2-7　黏土不同滴头间距湿润体内
模拟的剖面含水率分布图

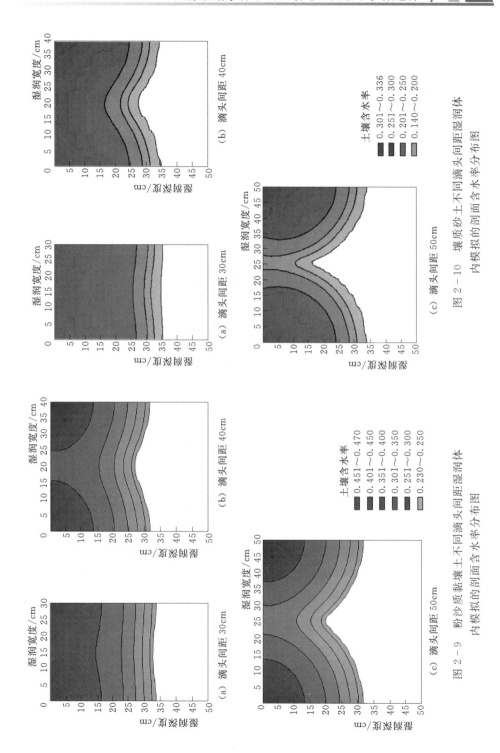

（a）滴头间距 30cm

（b）滴头间距 40cm

（c）滴头间距 50cm

图 2 - 10 壤质砂土不同滴头间距湿润体
内模拟的剖面面含水率分布图

土壤含水率
0.301～0.336
0.251～0.300
0.201～0.250
0.140～0.200

（a）滴头间距 30cm

（b）滴头间距 40cm

（c）滴头间距 50cm

图 2 - 9 粉沙质黏壤土不同滴头间距湿润体
内模拟的剖面面含水率分布图

土壤含水率
0.451～0.470
0.401～0.450
0.351～0.400
0.301～0.350
0.251～0.300
0.230～0.250

不考虑水分的二次分布。相关研究表明，糖料蔗的根系 62% 分布在 0～20cm 土层内，23.4% 分布在 20～40cm 土层内，糖料蔗生育初期灌水深度在 20～25cm 最佳，生育旺盛期在 30～35cm 最佳。在点源条件下蔗区代表性土壤在糖料蔗不同生育期内适宜的灌水时间和灌水量如下。

图 2-11～图 2-14 分别给出糖料蔗区不同类型土壤采用滴头流量为 1.36L/h、滴头间距为 30cm 的滴灌带时，生育初期与生育旺盛期各自适宜灌水时间和灌水量。

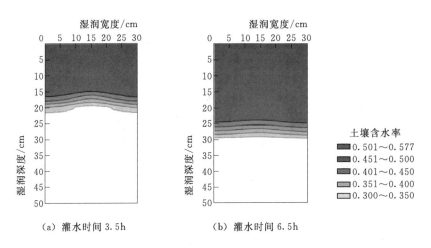

（a）灌水时间 3.5h　　（b）灌水时间 6.5h

图 2-11　黏土生育初期、生育旺盛期适宜灌水
时间及剖面含水率分布图

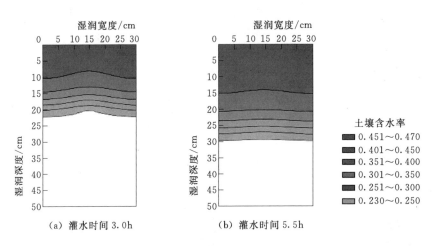

（a）灌水时间 3.0h　　（b）灌水时间 5.5h

图 2-12　粉质黏土生育初期、生育旺盛期适宜
灌水时间及剖面含水率分布图

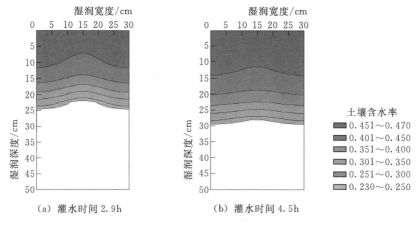

图 2-13 粉沙质黏壤土生育初期、生育旺盛期适宜
灌水时间及剖面含水率分布图

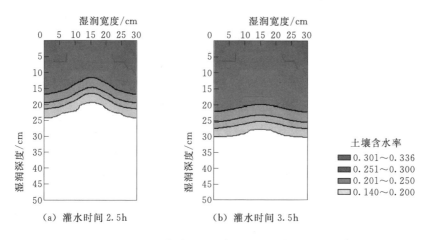

图 2-14 壤质砂土生育初期、生育旺盛期适宜
灌水时间及剖面含水率分布图

从图 2-11~图 2-14 可以看出，在同等条件下，蔗田土壤类型对单次灌水的亩均灌水量有重要影响，如：黏性较强的土壤由于持水能力较强，单次灌水的亩均灌水量要明显大于黏性较弱的土壤，而壤质砂土持水能力弱，单次灌水的亩均灌水量较大会引起深层渗漏。糖料蔗区 4 种代表性土壤类型的蔗田生育初期、生育旺盛期的单次亩均灌水量见表 2-5，以供参考。

2.2.5 滴灌带合理取值

从上述可看出，针对蔗区坡耕地常用滴灌带类型，滴头流量与滴头间距分别为 1.36L/h 与 30cm、2.20L/h 与 30cm、2.80L/h 与 30cm、2.20L/h 与 40cm、2.80L/h 与 40cm 等 5 种组合条件下，灌水均匀度均大于 80%，满足要求，但滴灌带合理设计参数须综合考虑工程造价及工程运行管理。

表 2-5　　　　　　　不同生育期 4 种代表性土壤适宜灌水量

土壤类型	滴头流量 /(L/h)	间距 /cm	生育初期			生育旺盛期		
			适宜灌水时间 /h	单滴头适宜灌水量 /L	单次亩均灌水量 /(m³/亩)	适宜灌水时间 /h	单滴头适宜灌水量 /L	单次亩均灌水量 /(m³/亩)
黏土	1.36	30	3.5	4.83	6.71	6.5	8.97	12.46
粉质黏土			3.0	4.08	5.67	5.5	7.48	10.39
粉沙质黏壤土			2.9	3.96	5.50	4.5	6.12	8.50
壤质砂土			2.5	3.45	4.79	3.5	4.83	6.71

表 2-6 给出了蔗区坡耕地代表性土壤常用滴灌带灌水均匀性、工程建设标准及运行模式比较。从表 2-6 可以看出，上述 5 种组合相同长度（100m）滴灌带的设计流量依次为 460.0L/h、733.3L/h、933.3L/h、550.0L/h、700.0L/h。从工

表 2-6　　　蔗区坡耕地常用滴灌带灌水均匀性、工程建设标准及运行模式比较

滴头流量 /(L/h)	滴头间距 /cm	土壤类型	灌水均匀度	工程建设标准		运行模式		
				100m 滴灌带设计流量 /(L/h)	100hm² 灌溉面积设计供水能力 /(m³/h)	日轮灌次数	日运行时间 /h	轮灌组切换时间间隔 /h
1.36	30	黏土	≥95%	453	202	3	10.5~19.5	3.5~6.5
2.20	30			733	327	4	8.8~16.4	2.2~4.1
2.80	30			933	417	4	6.8~12.8	1.7~3.2
2.20	40		80%~85%	550	246	4	8.8~16.4	2.2~4.1
2.80	40			700	312	4	6.8~12.8	1.7~3.2
1.36	30	粉质黏土	≥95%	453	202	3	9.0~16.5	3.0~5.5
2.20	30			733	327	4	7.6~13.6	1.9~3.4
2.80	30			933	417	4	6.0~10.8	1.5~2.7
2.20	40		80%~85%	550	246	4	7.6~13.6	1.9~3.4
2.80	40			700	312	4	6.0~10.8	1.5~2.7
1.36	30	粉沙质黏壤土	≥95%	453	202	3	12.0~18.0	3.0~4.5
2.20	30			733	327	4	7.6~11.2	1.9~2.8
2.80	30			933	417	4	6.0~8.8	1.5~2.2
2.20	40		80%~85%	550	246	4	7.6~11.2	1.9~2.8
2.80	40			700	312	4	6.0~8.8	1.5~2.2

续表

滴头流量 /(L/h)	滴头间距 /cm	土壤类型	灌水均匀度	工程建设标准		运 行 模 式		
				100m 滴灌带 设计流量 /(L/h)	100hm² 灌溉面积 设计供水能力 /(m³/h)	日轮灌 次数	日运行时间 /h	轮灌组 切换时间 间隔 /h
1.36	30	壤质砂土	≥95%	453	202	4	10.0～14.0	2.5～3.5
2.20	30			733	327	4	6.4～8.8	1.6～2.2
2.80	30			933	417	4	4.8～6.8	1.2～1.7
2.20	40		80%～85%	550	246	4	6.4～8.8	1.6～2.2
2.80	40			700	312	4	4.8～6.8	1.2～1.7

程造价方面考虑，若选择滴头流量与滴头间距分别为 1.36L/h 与 30cm 组合，单位灌溉面积设计供水能力最小，工程建设投资最省；若选择滴头流量与滴头间距分别为 2.80L/h 与 30cm 组合，单位灌溉面积设计供水能力最大。从工程运行管理模式方面考虑，若选择滴头流量与滴头间距分别为 1.36L/h 与 30cm 组合，灌溉相同水量系统运行和需要管护的时间虽然较长，但符合相关规范要求，也方便灌水管理；若选择滴头流量与滴头间距分别为 2.80L/h 与 30cm 组合，灌溉相同水量系统运行和需要管护的时间最短。

综合考虑上述各项因素，对于广西蔗区坡耕地，建议优先采用滴头流量与滴头间距为 1.36L/h 与 30cm 的组合。

2.2.6 地埋滴灌适宜埋深

地埋滴灌节水节肥效果较地表滴灌更显著。滴头流量、滴头间距选取均可参照地表滴灌的相关成果，但地埋滴埋深及单次适宜灌水量等因素对土壤水分运移规律的影响较大。通过建立模型分析黏土、壤质砂土在埋深分别为 10cm、15cm、20cm、25cm 条件下土壤水分分布情况，在点源条件下滴灌带适宜埋深、糖料蔗不同生育期适宜灌水量如下。

图 2-15～图 2-18 给出了不同类型土壤、不同埋深、不同灌水量土壤水分分布情况。从图上可以看出：地埋滴灌条件下，当滴灌带埋深 10cm、15cm 时，地表会出现积水，不利于高效用水；当滴灌带埋深 20cm 时，土壤湿润体主要分布在 2～40cm 之间，与糖料蔗根系分布较契合，且灌水量适量时地表会呈现湿润迹象，便于灌溉管理；当滴灌带埋深 25cm 时，湿润体主要分布在 7.5～46.0cm 之间，易造成渗漏。

根据计算，当滴灌带埋深 20cm 时，不同类型土壤糖料蔗生育旺盛期适宜灌水量为：黏土单滴头灌水量 5.5L（亩均灌水量 7.64m³/亩），粉质黏土单滴头灌水量 4.5L（亩均灌水量 6.25m³/亩），粉沙质黏壤土单滴头灌水量 4.0L（亩均灌水量 5.56m³/亩），壤质砂土灌水量 3.5L（亩均灌水量 4.86m³/亩）。为确保滴灌带的灌水均匀性,糖料蔗生育初期灌水量可参照地表滴灌。

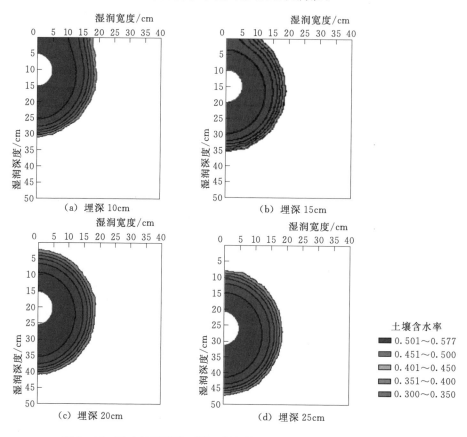

图 2-15 黏土地埋滴灌不同埋深条件下灌水量 5.5L 土壤水分分布情况

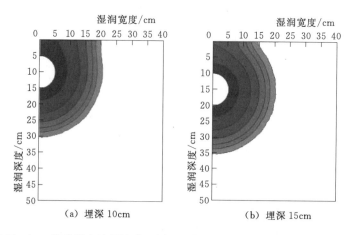

图 2-16(一) 粉质黏土地埋滴灌不同埋深条件下灌水量 4.5L 土壤水分分布情况

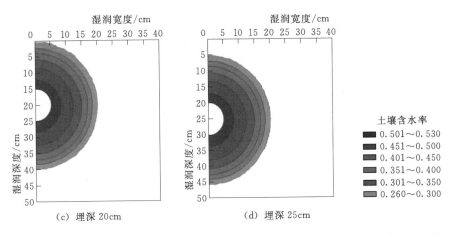

图 2-16(二)　粉质黏土地埋滴灌不同埋深条件下灌水量 4.5L 土壤水分分布情况

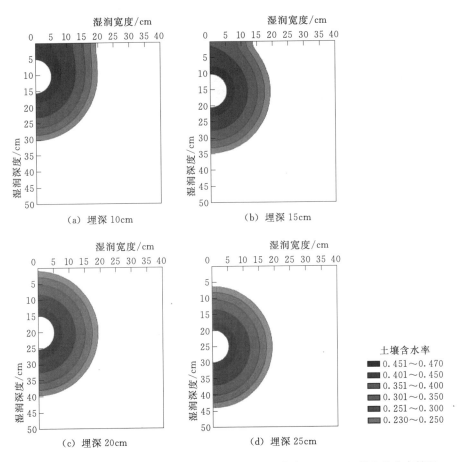

图 2-17　粉沙质黏壤土地埋滴灌不同埋深条件下灌水量 4.0L 土壤水分分布情况

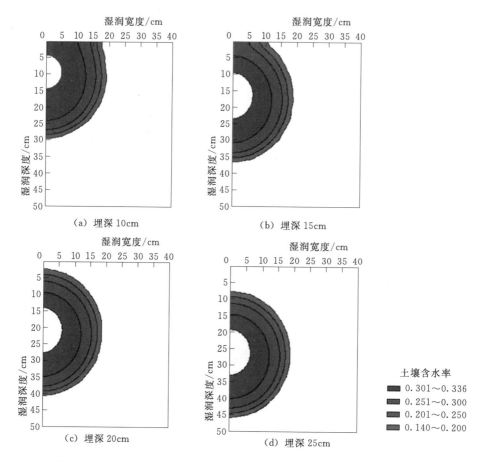

图 2-18　壤质砂土地埋滴灌不同埋深条件下灌水量 3.5L 土壤水分分布情况

2.3　面源灌溉条件下山丘坡地主要灌水参数选择

2.3.1　面源灌溉条件下土壤水分运移规律

面源灌溉如降雨一样，将灌溉用水均匀撒在土壤表面。由于不同类型土壤的入渗能力、持水能力存在一定差别，进而影响面源灌溉水分运移的规律。图 2-19～图 2-22 给出了黏土、粉质黏土、粉沙质黏壤土、壤质砂土灌溉刚结束和灌溉结束土壤水分再次运移和重新分布至稳定的情况。

从图 2-19～图 2-22 上可以看出，灌水期间，黏性较强的土壤灌溉后土壤水分聚集在表层，湿润深度较浅，灌水结束后下渗速度较慢，土壤水分再次运移和重新分布耗时较长，而黏性较弱的土壤灌溉后土壤水分分布更均匀、湿润深度较大、灌水结束后再次运移和重新分布也较快，如：在同样灌溉 30mm 水量时，

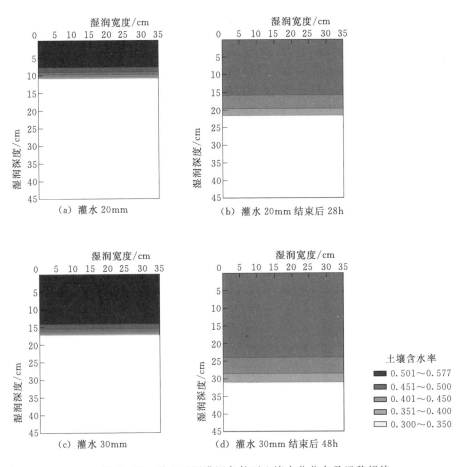

图 2-19 黏土面源灌溉条件下土壤水分分布及运移规律

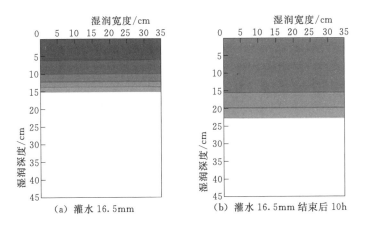

图 2-20（一） 粉质黏土面源灌溉条件下土壤水分分布及运移规律

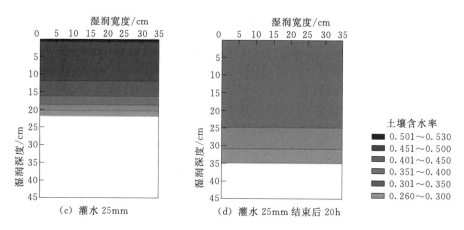

图 2-20（二） 粉质黏土面源灌溉条件下土壤水分分布及运移规律

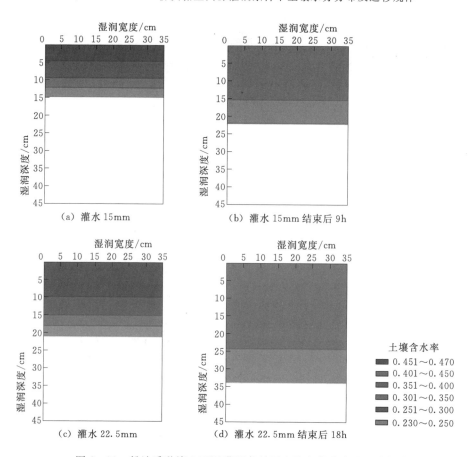

图 2-21 粉沙质黏壤土面源灌溉条件下土壤水分分布及运移规律

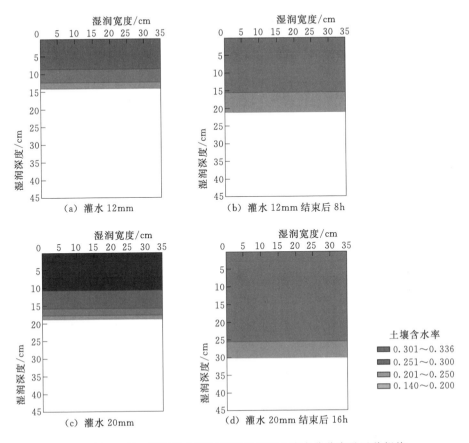

图 2-22 壤质砂土面源灌溉条件下土壤水分分布及运移规律

灌水结束后，黏土湿润深度为 10.5cm，土壤含水率接近饱和含水率，灌水结束 28h 后，湿润体下渗至 21.5cm，土壤含水率接近田间持水率，水分再次运移和重新分布基本稳定；而壤质砂土湿润深度为 19.0cm，土壤含水率在饱和含水率和田间持水率之间，灌水结束 16h 后湿润体下渗至 30.0cm，土壤含水率接近田间持水率，水分再次运移和重新分布基本稳定。

针对土壤类型对面源灌溉水分分布及运移规律的影响，对于黏性较强的土壤，应通过农艺措施增加其水分的纵向入渗能力，同时要注意灌水强度，避免灌溉过程中形成径流，达到保水、保墒、防止水土流失的目的，在日常灌水过程中，建议采用少量多次的灌水方法，而针对对于黏性较弱、持水性较弱的土壤，应合理控制单次灌水量，以减少深层渗漏。

2.3.2 适宜灌水量

灌水量是确定面源灌溉系统单次灌水时间和制定系统轮灌制度的重要指标，直接影响工程供水标准及运行成本。由于面源灌溉灌水量及灌水强度均较点源灌溉大,灌溉后表层土壤水分会再次运移和重新分布,直至达到田间持水率后基本稳定。

图 2-19~图 2-22 给出 4 种代表性土壤不同生育期适宜灌水量及灌水结束后土壤水分再次运移和分布至基本稳定的情况。根据计算结果,结合糖料蔗根系分布情况,提出广西蔗区 4 种代表性土壤类型的蔗田生育初期、生育旺盛期的单次亩均灌水量见表 2-7,以供参考。

表 2-7　糖料蔗区不同生育期 4 种代表性面源灌溉土壤适宜灌水量

土壤类型	生育初期			生育旺盛期		
	灌溉水量 /mm	二次分布时间 /h	单次亩均灌水量 /(m³/亩)	灌溉水量 /mm	二次分布时间 /h	单次亩均灌水量 /(m³/亩)
黏土	20	28	13.3	30	48	20.0
粉质黏土	16.5	10	11.0	25	20	16.7
粉沙质黏壤土	15	9	10.0	22.5	18	15.0
壤质砂土	12	8	8.0	20	16	13.3

2.3.3　适宜灌水强度

除灌水量外,灌水强度也是面源灌溉的一个重要指标,当灌水强度较大时,灌水量超过土壤水分入渗能力,会形成地表径流,当灌水强度较小时,灌溉相同水量时工程运行时间较长,不利于工程运行管护。

土壤饱和渗透系数是土壤入渗能力的重要指标,表 2-1 给出黏土、粉质黏土、粉沙质黏壤土、壤质砂土的饱和渗透系数分别为 11.9mm/h、12.4mm/h、15.6mm/h、19.6mm/h,则要求相应类型土壤的蔗区灌水强度要小于该土壤饱和渗透系数。

由于地形条件也是影响土壤入渗的一个重要指标,相关研究表明,地面坡度 5°~8°时允许喷灌强度降低 20%,地面坡度 9°~12°时允许喷灌强度降低 40%,地面坡度 13°~15°时允许喷灌强度降低 50%,才能确保不会产生明显的地表径流。

综合考虑上述因素,建议坡耕地地面坡度 5°~8°时适宜灌水强度为 9~16mm/h,地面坡度 9°~12°时适宜灌水强度为 7~12mm/h,地面坡度 13°~15°时适宜灌水强度为 6~10mm/h,黏性较强的土壤取下限,黏性较弱的土壤取上限。

2.4　技术参数应用建议

(1)点源灌溉条件下,土壤类型是影响土壤水分运移和分布规律的主要因素，不同类型土壤湿润体形状和水分分布差异明显。利用该特点可指导日常灌水管理，如对糖料蔗区：黏土、粉质黏土，宽深比大于1，土壤水分集聚在上部土层，生育初期，径向湿润距离（r）达到20cm左右即可，生育旺盛期，径向湿润距离（r）达到30cm左右即可；对于粉沙质黏壤土、壤质砂土，宽深比为0.6~0.8，生育初期，径向湿润距离（r）达到15cm左右即可，生育旺盛期，径向湿润距离（r）达到25cm左右即可。

（2）点源灌溉条件下，滴头流量对土壤灌水均匀性影响不大，而滴头间距对土壤灌水均匀性影响显著。针对广西糖料蔗区，综合考虑土壤灌水均匀性的影响，工程建设投资、工程运行管理以及糖料蔗不同生育期的根系分布情况，建议优先采用滴头流量为1.36L/h、滴头间距为30cm的滴灌带，黏土、粉质黏土、粉沙质黏壤土、壤质砂土蔗区糖料蔗生育初期适宜的亩均灌水量分别为6.71m³/亩、5.67m³/亩、5.50m³/亩、4.79m³/亩，生育旺盛期适宜的亩均灌水量分别为12.46m³/亩、10.39m³/亩、8.50m³/亩、6.71m³/亩。

（3）地埋滴灌条件下，建议糖料蔗区也优先采用滴头流量为1.36L/h、滴头间距为30cm的滴灌带，滴灌带适宜埋深为20cm，黏土、粉质黏土、粉沙质黏壤土、壤质砂土蔗区糖料蔗生育初期适宜的亩均灌水量分别为6.71m³/亩、5.67m³/亩、5.50m³/亩、4.79m³/亩，生育旺盛期期适宜的亩均灌水量分别为7.64m³/亩、6.25m³/亩、5.56m³/亩、4.86m³/亩。

（4）面源灌溉条件下，土壤类型也是影响灌溉水分运移规律的主要因素。针对广西糖料蔗区，综合考虑不同类型土壤灌溉刚结束和灌溉结束土壤水分再次运移和重新分布至稳定情况，黏土、粉质黏土、粉沙质黏壤土、壤质砂土蔗区糖料蔗生育初期适宜的亩均灌水量分别为13.3m³/亩、11.0m³/亩、10.0m³/亩、8.0m³/亩，生育旺盛期适宜的亩均灌水量分别为20.0m³/亩、16.7m³/亩、15.0m³/亩、13.3m³/亩。

（5）面源灌溉条件下，为减少地表径流，综合考虑土壤类型和坡耕地特点，建议广西坡耕地蔗区地面坡度5°~8°时适宜灌水强度为9~16mm/h，地面坡度9°~12°时适宜灌水强度为7~12mm/h，地面坡度13°~15°时适宜灌水强度为6~10mm/h，黏性较强的土壤取下限，黏性较弱的土壤取上限。

3　山丘坡地管网布控技术与应用

灌溉管网是实现灌溉系统田间输配水的关键环节，科学的灌溉管网设计能有效保护系统的安全运行，实现系统灌溉的均匀性。由于在坡耕地上灌溉管网内的压力差远大于平原区田间管网的压力差，管网的合理布设及科学调压是确保系统正常运行的关键。由于缺乏山丘坡地的相关成果，目前灌溉系统设计一般都是简单地将设计出流量作为实际流量进行灌溉管网内的水力计算，导致灌溉管网实际水力分布与设计水力分布差别较大，管网灌水均匀性较差。另外，随着种植和收获的人工成本上升，推进机械化成为发展现代农业的必然要求，但目前灌溉管网配套设施普遍存在着布置过密、影响机械化效率的问题，面临规模化的设计布置。因此，本章基于规模化和灌水均匀性的要求，针对山丘坡地起伏较大的特点，提出不同坡度条件下满足规模化灌水均匀性要求的滴灌、喷灌等灌溉方式适宜的管网布控技术，相关说明如下。

3.1　坡耕地骨干输水管网安全防护措施

3.1.1　骨干输水管网安全的主要影响因素

广西高效节水灌溉工程一般采用地表水源集中供水，坡耕地地形起伏较大、灌溉系统的水源距项目区普遍较远且提水扬程较高，通过近年出现爆管的灌溉工程分析，认为输水管道排气设施不完善导致的水锤是影响骨干输水管网稳定性和安全性的主要因素。

现有理论研究和实践表明，输水管道中的气囊沿管顶随水流运动，易在管道转弯凸起、变径、阀门等处产生聚集、转化，并产生压力振荡（图3-1）。由于管网水流速度和方向具有很大的随机性，气囊运动引起的压力升高将在很大程度上取决于水流速度变化的剧烈程度，有些升高的压力足以破坏一般供水管道。另外，值得注意的是，长期在管网中运动的气囊，其体积的大小随所到之处的压力大小变化。这进一步加剧了含气水流的压力波动，造成管道爆裂增多。输水管道含气危害由含气量的大小、管道构造以及运行操作等因素有关决定，给有压输水管网造成了很大的危害。

3.1.2　突然停泵后输水干管压力分布

典型工程选取崇左扶绥县渠黎镇渠凤灌片，其基本情况如下：渠凤片分区6

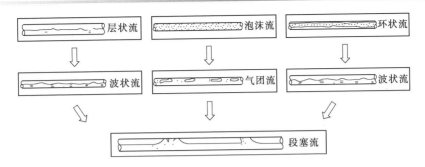

图 3-1　输水管道中气、液两相流的流态间的相互转化

个，设计灌溉面积 2943 亩，灌溉线路总长 3965m，设置有 6 个分水口，并在 J-53 处分管灌溉，J-53~J-58 之间采用 DN315 的 UPVC 管，J-58~J-64 之间采用 DN250 的 UPVC 管，J-64~J-67 之间采用 DN200 的 UPVC 管，水源点采用 200S95 的单级双吸离心泵。整个系统采用轮灌的工作制度，将片区分为 6 个田间单元，田间单元面积为 460~517 亩，每个田间单元设置田间控制首部，主干管向每个田间单元首部供水，田间单元内分为 9 个轮灌组，轮灌组面积为 30~60 亩，每次每个田块单元灌溉一个轮灌组，单次灌溉面积为 308~355 亩。

　　图 3-2 和图 3-3 给出了排气能力不足和合理设置排气阀时突然停泵后输水干管压力分布情况，可以看出：在排气能力不足状况下，由于水流流态受突然停泵影响，管网内的水流剧烈震荡，水流受惯性的作用继续向前流动，管道首部出现断流情况，导致水锤升压超出管道承压范围，对安全运行存在隐患；合理设置排气阀后，虽然水流流态受突然停泵影响，但及时进行补气和排气，管道内最大压力保持在正常范围内，可安全运行。因此，合理设置排气阀能有效降低骨干管道免受水锤破坏的几率。

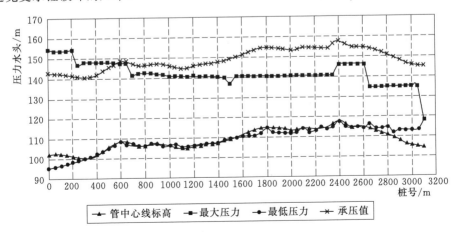

图 3-2　排气能力不足时突然停泵后输水干管压力分布情况

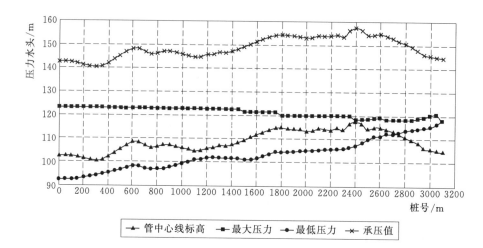

图 3-3 合理设置排气阀后突然停泵后输水干管压力分布情况

3.1.3 管网安全防护措施

高效节水灌溉骨干管网保护的关键是通过合理的设计减少管道气囊对管网运行的危害，并对较危险的管段设置安全保护措施，确保系统安全稳定运行，提高输水效率和降低维修费用，把财产损失降低到最低限度。根据实践总结，管网安全防护的相关措施建议如下：

（1）调整设计理念。通过修建高位水池或调蓄池将输水系统和配水系统分开布设，采用分区分压的设计理念，将灌溉系统控制面积控制在 1000～2000 亩，一个灌水小区控制在 20～30 亩，大幅降低输水干管的压力，并将田间系统管网的压力控制在 0.50MPa 以下。

（2）进排气阀合理布设。管道系统的最高位置和管道隆起的顶部常会积累一部分空气，即使开始没有空气，水在流动过程中也会分离出空气，这些空气聚集在高处无法排出。这一方面影响过水面积，另一方面空气在水的压力下不断压缩，导致水力冲击，影响管道安全。因此，为避免负压，消除水锤破坏，一般在管道高处安装空气阀。现有工程的一般经验，管网沿途所设置的进排气阀通气面积的折算直径不小于管道直径的 1/4。进排气阀安装位置如图 3-4 所示。

（3）安全阀（超压泄压阀）合理布设。安全阀（超压泄压阀）的作用是减少管道内压力超过规定值。安全阀（超压泄压阀）通常装在主管路上，当管路中的压力超过设定值时自动泄水，将压力降下来以保护管网。广西蔗区地形起伏较大，在大型系统的首部、高差大于 30m 的坡底管段应安装安全阀（超压泄压阀）。

（4）管道流速控制。建议一般输水干管管道流速控制在经济流速 1.5m/s 左右，最高不宜超过 2.0m/s，流速太高的管道内更易汽蚀产生气囊。

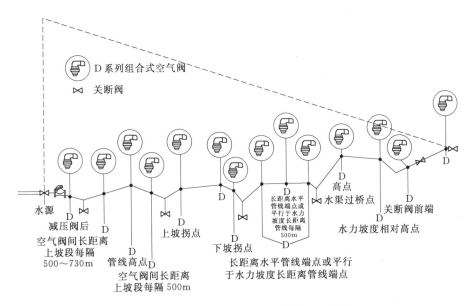

图 3-4 骨干管道进排气阀安装位置示意图

3.2 坡耕地滴灌管网布设

3.2.1 滴灌带主要参数对压力分布的影响

滴灌带的滴头流量与滴头间距组合、铺设长度、铺设坡比等主要参数对其压力分布及出水均匀性影响较大。

选定三种常用的滴灌灌水器（额定流量、滴头流量—压力水头曲线分别为：1.36L/h，$q=0.4505h^{0.484}$；2.20L/h，$q=0.7281h^{0.482}$；2.80L/h，$q=0.9265h^{0.483}$），在田间试验基础上，建立模型分析滴头流量与滴头间距组合、铺设长度、铺设坡比等主要参数对田间配水管网压力分布及滴灌带出水均匀性的影响，结果如表 3-1以及图 3-5～图 3-7 所示。

表 3-1 不同布设模式对田间压力分布的影响

主要影响因素及取值		图号	最高水头/m	最低水头/m	水头偏差/m	流量偏差/%
滴头流量、间距组合	1.36L/h, 0.3m	图 3-5	10.0	8.5	1.5	7.53
	2.20L/h, 0.3m		10.0	7.0	3.0	15.94
	2.80L/h, 0.3m		10.0	5.9	4.1	22.46
	2.20L/h, 0.4m		10.0	8.0	2.0	10.25
	2.80L/h, 0.4m		10.0	7.2	2.8	14.83

37

续表

主要影响因素及取值		图号	最高水头 /m	最低水头 /m	水头偏差 /m	流量偏差 /%
铺设长度	60m	图 3-6	10.0	9.6	0.4	2.20
	80m		10.0	9.1	0.9	4.41
	100m		10.0	8.5	1.5	7.53
	120m		10.0	7.7	2.3	11.76
	150m		10.0	6.2	3.8	19.85
顺坡坡比	0.01	图 3-7	10.0	9.1	0.9	4.41
	0.015		10.0	9.4	0.6	2.94
	0.02		10.4	9.6	0.8	3.68
	0.03		11.3	9.9	1.4	6.62
	0.05		13.1	10.0	3.1	13.97

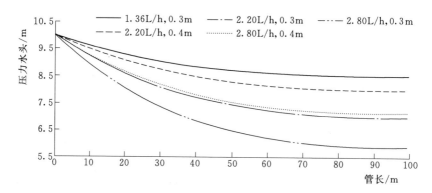

图 3-5 滴头流量、间距组合对滴灌带压力水头分布的影响

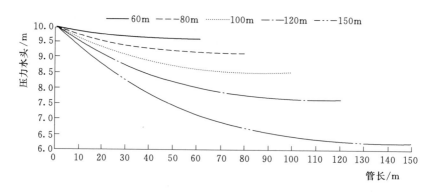

图 3-6 滴头流量 1.36L/h、间距 0.3m 滴灌带铺设
长度对压力水头分布的影响

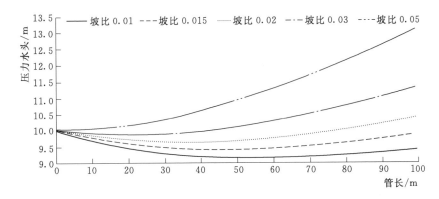

图 3-7 滴头流量 1.36L/h、间距 0.3m 滴灌带顺坡
坡比对压力水头分布的影响

从图 3-5～图 3-7、表 3-1 可以看出，滴头流量与滴头间距组合对滴灌带压力分布及出水均匀性影响明显，相关规范要求滴灌田间灌水单元各滴孔出水流量偏差不宜超过 20%，并建议单条滴灌带滴孔出水流量偏差不宜超过 10%，而 1.36L/h 与 30cm、2.20L/h 与 30cm、2.80L/h 与 30cm、2.20L/h 与 40cm、2.80L/h 与 40cm 等 5 种组合中仅 1.36L/h 与 30cm 组合滴灌带在铺设长度 100m 左右时，流量偏差符合规范要求，但最大铺设长度不宜超过 120m，其他滴头流量与滴头间距组合的滴灌带铺设长度不宜超过 100m；顺坡坡比 0.01～0.03 时有助于提高滴灌带的灌水均匀性，顺坡坡比 0.015 时，滴灌带的灌水均匀性最好，条件允许情况下可优先采用。

3.2.2 不同布设模式下灌溉管网的压力分布

滴灌灌溉配水管网主要由支管、滴灌带构成。支管和滴灌带的组合形式以及主要参数对田间配水管网的灌水均匀性影响较大。

按照常用的 30 亩左右一个灌水单元的设计模式，并结合"双高"糖料蔗基地对滴灌带铺设长度的要求，在田间试验基础上，建立模型分析平坡条件下支管、滴灌带不同长度组合对田间配水管网压力分布的影响，结果如表 3-2 以及图 3-8～图 3-10 所示。

表 3-2 不同布设模式对田间压力分布的影响

布设模式	支管参数	滴灌带参数	图号	支管水头损失/m	滴灌带水头损失/m	支管、滴灌带水头损失分配比例	灌水小区流量偏差/%
支管 83m＋滴灌带 120m（双向布置）	ϕ110mm，25.5m ϕ90mm，25.5m ϕ63mm，32.0m	ϕ16mm，滴头流量 1.36L/h，滴头间距 0.3m	图 3-8	1.52	2.35	0.43∶0.57	19.11

布设模式	支管参数	滴灌带参数	图号	支管水头损失/m	滴灌带水头损失/m	支管、滴灌带水头损失分配比例	灌水小区流量偏差/%
支管 100m+滴灌带 100m（双向布置）	ϕ110mm，35.0m ϕ90mm，35.0m ϕ63mm，30.0m	ϕ16mm，滴头流量 1.36L/h，滴头间距 0.3m	图 3-9	1.78	1.48	0.55：0.45	16.18
支管 125m+滴灌带 80m（双向布置）	ϕ110mm，40.0m ϕ90mm，40.0m ϕ63mm，45.0m	ϕ16mm，滴头流量 1.36L/h，滴头间距 0.3m	图 3-10	2.32	0.88	0.72：0.28	16.16

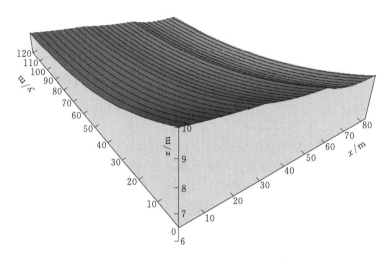

图 3-8　支管长 83m、滴灌带长 120m 时田间管网压力水头分布情况

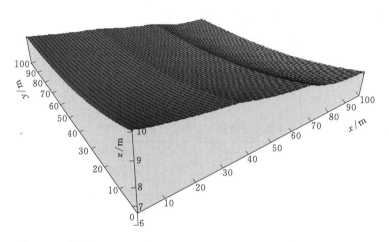

图 3-9　支管长 100m、滴灌带长 100m 时田间管网压力水头分布情况

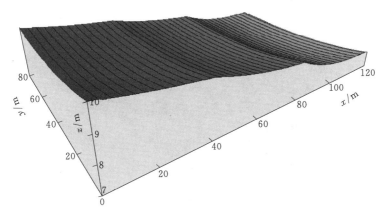

图 3-10 支管长 125m、滴灌带长 80m 时田间管网压力水头分布情况

从图 3-8～图 3-10、表 3-2 可以看出，支管和滴灌带的不同铺设长度，直接影响灌溉管网的灌水均匀性和支管与滴灌带之间的水头损失分配比例：相同灌溉面积，长支管、短滴灌带组合的灌水均匀性比短支管、长滴灌带组合的灌水均匀性要好；随着支管长度的减小和滴灌带长度的增加，支管水头损失分配比例减小，滴灌带水头损失分配比例增加，规范建议的支管、滴灌带水头损失比例为 0.50：0.50，在缺乏资料的情况下可参考，但建议根据灌溉管网的实际布设模式计算确定；对于"双高"基地机械化耕作要求，平坡和缓坡地形，建议采用支管长 80～100m、滴灌带长 100～120m、双向布置的布设模式，支管和滴灌带水头损失的分配比例在 0.43：0.57～0.55：0.45 之间。

3.2.3 不同地形坡度的灌溉管网压力分布

与平原地区不同，坡耕地的地形坡度对田间管网单元的影响非常较大。工程设计时，一般要求支管沿顺坡布设，滴灌带平行于等高线布设。

为分析地形坡度对田间管网压力分布的影响，在田间试验基础上，建立模型分析常用布设模型下在地形坡度分别为 5°、10°、15° 时对田间管网压力分布的影响，结果如表 3-3 以及图 3-11～图 3-13 所示。

表 3-3　　　　　　　　　　　　地形坡度对田间压力分布的影响

布设模式	支管参数	滴灌带参数	坡度/(°)	图号	支管首尾压力差/m	灌水小区流量偏差/%	管网设计、实际流量偏差/%
支管 100m+ 滴灌带 100m （双向布置）	ϕ110mm，35.0m ϕ90mm，35.0m ϕ63mm，30.0m	ϕ16mm，滴头流量 1.36L/h，滴头间距 0.3m	5	图 3-11	5.78	30.62	6.77
			10	图 3-12	13.31	56.62	20.65
			15	图 3-13	20.74	79.41	32.45

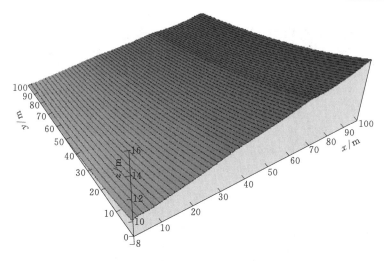

图 3-11 顺坡坡度 5°时田间管网压力水头分布情况

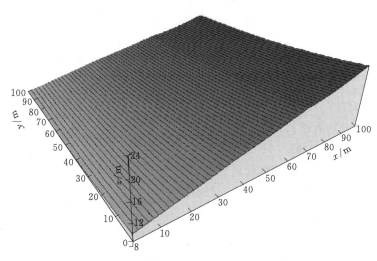

图 3-12 顺坡坡度 10°时田间管网压力水头分布情况

从图 3-11～图 3-13、表 3-3 可以看出，采用与平地相同布设模式和设计参数时，由于支管受地形坡度的影响，管道水压力顺坡沿程增加，且随着坡度的增加增幅明显加大，导致田间管网单元的灌水均匀性较差，若不采取相应的调压措施，则地形坡度分别为 5°、10°、15°时灌水小区流量偏差均远超过规范提出的灌水小区流量偏差不超过 20.0% 的标准；而且由于整个灌水单元的水头压力均超过滴灌带的额定水头压力，整个单元设计流量（设计时一般采用滴头额定流量计算）与实际流量存在较大偏差；另外，受坡度的影响，田间管网单元位于支管末端的滴灌带所承受的压力较大，超过滴灌带的承压范围，易出现爆管，影响系

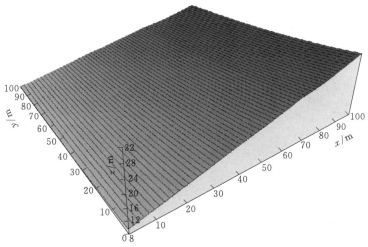

图 3-13 顺坡坡度 15°时田间管网压力水头分布情况

统安全。因此，针对地形坡度的影响，应采用适当的调压措施。

3.2.4 不同地形坡度灌溉支管变径的管网压力分布

针对地形坡度的影响，目前常用的措施有两种：一是滴灌带调压，即采用压力补偿式滴灌带或在滴灌带入口处安装调压管进行调压；二是支管变径调压，即通过减少支管管径加大支管水头损失以抵消坡降引起的管道水压力增加或缩短支管长度来减少坡度的影响幅度。

对于支管变径调压，由于受管道极限流速（建议值为 3.0m/s）和标准管径的限制，分析时先以最小管径为支管的设计管径，如果达不到预期减压效果，则通过缩短支管铺设长度实现。地形坡度分别为顺坡 5°、7.5°、10°时田间管网的布设模式及压力水头分布如图 3-14～图 3-16 以及表 3-4 所示。

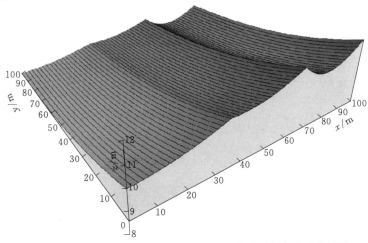

图 3-14 顺坡坡度 5°时支管变径后田间管网压力水头分布情况

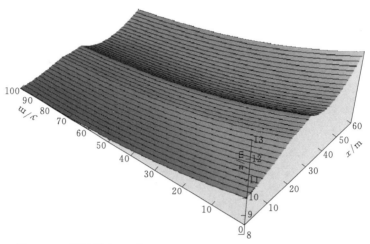

图 3-15 顺坡坡度 7.5°时支管变径后田间管网压力水头分布情况

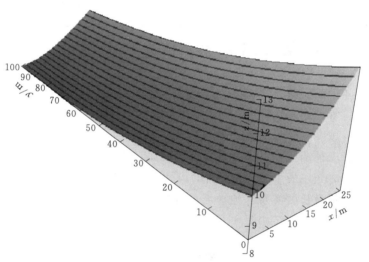

图 3-16 顺坡坡度 10°时支管变径后田间管网压力水头分布情况

表 3-4   地形坡度对田间压力分布的影响

地形坡度	布设模式	支管参数	图号	入口水头/m	末端水头/m	灌水小区流量偏差/%
顺坡 5°	支管 100m+滴灌带 100m（双向布置）	ϕ90mm，35.0m ϕ75mm，35.0m ϕ50mm，30.0m	图 3-14	10.0	12.05	16.91
顺坡 7.5°	支管 60m+滴灌带 100m（双向布置）	ϕ75mm，30.4m ϕ50mm，29.6m	图 3-15	10.0	12.97	20.55
顺坡 10°	支管 26m+滴灌带 100m（双向布置）	ϕ50mm，26.0m	图 3-16	10.0	12.91	20.29

从图 3-14～图 3-16、表 3-4 可以看出，当坡度为顺坡 5°时，通过变径能获得较好的降压效果，支管压力的变化幅度与平坡时基本一致，支管铺设长度可达到 100m；当坡度为顺坡 7.5°时，虽然变径能取得一定的降压效果，但由于坡降对支管压力影响明显，无法达到预期效果，只能将支管的铺设长度缩短到 60m；当坡度为顺坡 10°时，只能将支管的铺设长度缩短到 26m。

针对"双高"糖料蔗基地建设要求，当坡度不超过 5°时，田间管网可按照支管长 100m 左右、滴灌带长 100m 左右、双向布置的布设模式；当坡度为 5°～7.5°时，田间管网可按照支管长 60～100m、滴灌带长 100m 左右、双向布置的布设模式；当坡度为 7.5°～10°时，田间管网可按照支管长 26～60m、滴灌带长 100m 左右、双向布置的布设模式；当坡度大于 10°后，则需采用压力补偿式滴灌带或开发新型的调压设施设备才能确保支管的铺设长度超过 25m，满足"双高"糖料蔗基地建设要求的单幅地块的最小宽度要求。

3.3 坡耕地喷灌管网布设

3.3.1 不同地形坡度的喷灌水分分布特征

目前坡耕地蔗区喷灌普遍采用中压喷头（工作压力 200～500kPa），据此，选用蔗区常用的 5 种类型的喷头，开展不同地形坡度条件下单喷头喷灌的水分分布特征测试，结果如表 3-5 及图 3-17～图 3-20 所示。

表 3-5　　　　不同地形坡度条件下不同类型单喷头喷洒水量特性表

喷头型号	坡度 /(°)	平均喷灌强度 AP /(mm/h)	均匀系数 C_u/%	上坡射程 R_u/m	下坡射程 R_d/m	上坡喷灌强度 /(mm/h)	下坡喷灌强度 /(mm/h)
PY15	0	2.38	73.41	17.00	17.00	2.38	2.38
	5	2.39	71.49	15.02	17.43	2.79	2.15
	10	2.48	66.14	12.59	18.01	3.25	1.93
	15	2.69	56.46	11.05	18.85	3.93	1.77
PY30	0	3.12	74.58	25.50	25.50	3.12	3.12
	5	3.14	75.48	22.97	26.65	3.71	2.89
	10	3.25	69.39	19.25	27.54	4.28	2.61
	15	3.52	58.92	16.90	28.83	5.13	2.40
PY40	0	4.52	75.67	32.50	32.50	4.52	4.52
	5	4.54	73.39	27.84	33.09	5.46	4.21
	10	4.71	68.04	23.33	34.10	6.26	3.80
	15	5.10	57.04	21.61	35.59	7.47	3.48

喷头型号	坡度/(°)	平均喷灌强度 AP/(mm/h)	均匀系数 C_u/%	上坡射程 R_u/m	下坡射程 R_d/m	上坡喷灌强度/(mm/h)	下坡喷灌强度/(mm/h)
PY50	0	5.15	77.24	39.50	39.50	5.15	5.15
	5	5.17	75.37	33.57	38.95	5.94	4.60
	10	5.36	69.19	28.14	40.25	6.86	4.15
	15	5.81	58.75	24.70	42.13	8.24	3.80

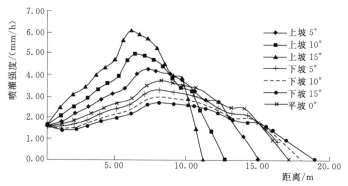

图 3-17 PY15 不同地形坡度条件下单喷头喷洒水量分布图

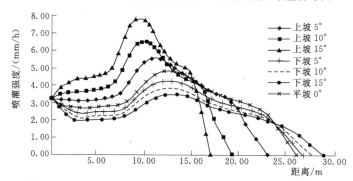

图 3-18 PY30 不同地形坡度条件下单喷头喷洒水量分布图

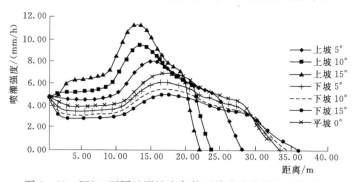

图 3-19 PY40 不同地形坡度条件下单喷头喷洒水量分布图

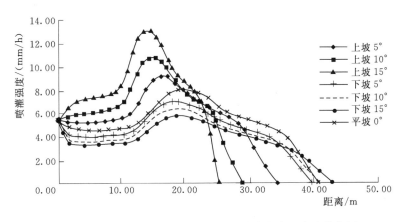

图 3-20　PY50 不同地形坡度条件下单喷头喷洒水量分布图

从图 3-17～图 3-20、表 3-5 可以看出,地形坡度对平均喷灌强度、上坡喷灌强度、下坡喷灌强度、上坡射程、下坡射程以及灌水均匀性都有非常明显的影响:同类型的喷头,平坡条件下的平均喷灌强度最小,随着坡度增加,平均喷灌强度增加,但灌水均匀性下降;喷头沿上坡方向射程明显减少,喷灌强度明显增加;喷头沿下坡方向射程明显增加,喷灌强度明显下降。因此,地形坡度是影响喷灌水分分布特征的重要因素。

3.3.2　坡耕地喷灌布设

如上所述,地形坡度是影响喷灌水分分布特征的重要因素,为提出坡耕地条件下喷灌的适宜布设模式,通过开展不同坡度条件下喷灌灌水均匀性测试,并根据测试情况,提出了不同坡度条件下蔗区常用的 5 种类型喷头的最优组合间距,结果如表 3-6 及图 3-21～图 3-24 所示。

表 3-6　　　　　　　　　不同坡度适宜组合喷洒特性表

喷头型号	地面坡度 /(°)	最优组合间距 /m	间距系数	组合均匀系数 /%	组合喷灌强度 /(mm/h)
PY15	0	17.00	1.00	88.34	4.76
	5	17.00	1.00	82.23	4.76
	10	14.40	0.85	83.27	5.49
	15	13.60	0.80	80.50	6.33
PY30	0	25.50	1.00	88.34	6.24
	5	25.50	1.00	82.16	6.24
	10	21.20	0.83	83.21	7.20
	15	19.30	0.76	80.11	8.75

喷头型号	地面坡度 /(°)	最优组合间距 /m	间距系数	组合均匀系数 /%	组合喷灌强度 /(mm/h)
PY40	0	32.50	1.00	88.34	9.04
	5	32.50	1.00	82.19	9.04
	10	26.00	0.80	83.28	10.42
	15	23.70	0.73	81.33	13.42
PY50	0	39.50	1.00	88.34	10.30
	5	39.50	1.00	82.23	10.30
	10	32.00	0.81	83.08	11.91
	15	28.00	0.71	81.33	15.29

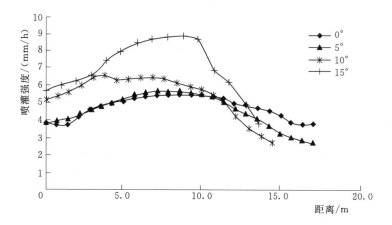

图 3-21　PY15 不同坡度最优组合情况下喷洒水量分布图

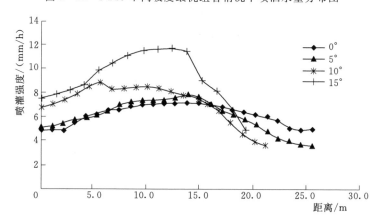

图 3-22　PY30 不同坡度最优组合情况下喷洒水量分布图

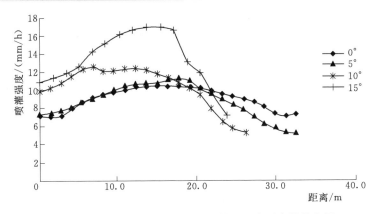

图 3-23 PY40 不同坡度最优组合情况下喷洒水量分布图

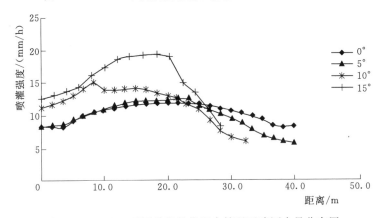

图 3-24 PY50 不同坡度最优组合情况下喷洒水量分布图

从图 3-21~图 3-24、表 3-6 可以看出，为确保灌水均匀性达到规范要求，喷头的组合间距、喷灌强度受坡度影响较大：平坡条件下喷头间距系数为1.2 时（即喷头间距为 1.2 倍的喷头喷洒半径），灌水均匀性能满足要求，但随着坡度的增加，喷头的间距系数逐渐减小，坡度为 5°时为 1.0，坡度为 10°时为0.81~0.85，坡度为 15°时为 0.71~0.80；随着喷头间距减小，喷灌强度逐渐提高。

根据"双高"糖料蔗基地建设要求，在 0°~5°坡度条件下建议选择 PY30、PY40、PY50 及类似性能的喷头；在 5°~10°坡度条件下建议选择 PY40、PY50及类似性能的喷头；当坡度超过 10°时，虽然喷头间距满足机械化的要求，但是喷灌强度较大，建议进行坡改梯。

3.4 坡耕地微喷灌管网布设

折径、喷水孔数、孔间距是微喷带的主要技术参数，通过选用市场上常用的

4种微喷带（见表3-7）开展不同压力条件下微喷带沿程出水流量试验与微喷带喷洒水量分布测试，结果如图3-25～图3-32所示。

表3-7 微喷带压力—流量试验及极限铺设长度试验具体用材表

微喷带规格	孔间距/cm	单组孔长度/cm	每组孔孔数
N45	22	10	斜三孔
N45	22	10	斜五孔
N65	17	10	正三孔
N65	30	10	斜五孔

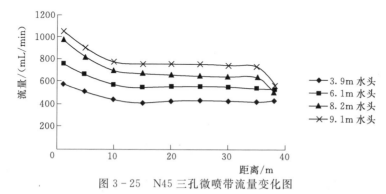

图3-25 N45三孔微喷带流量变化图

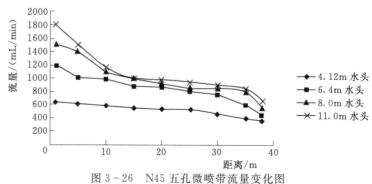

图3-26 N45五孔微喷带流量变化图

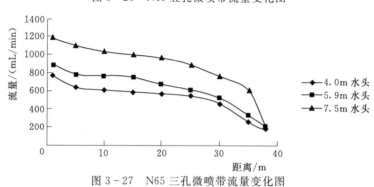

图3-27 N65三孔微喷带流量变化图

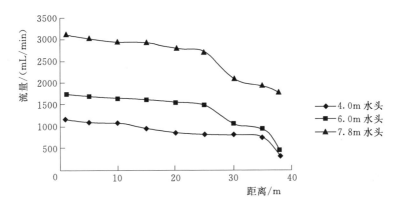

图 3-28 N65 五孔微喷带流量变化图

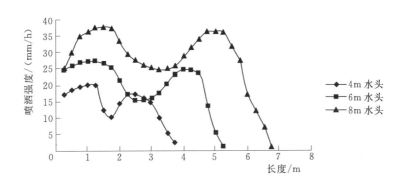

图 3-29 N45 三孔横向水量分布图

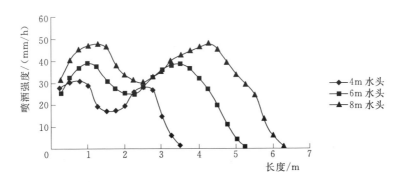

图 3-30 N45 五孔横向水量分布图

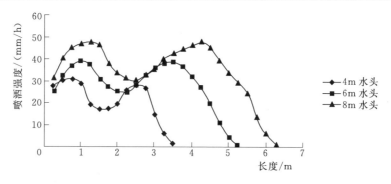

图 3-31　N65 三孔横向水量分布图

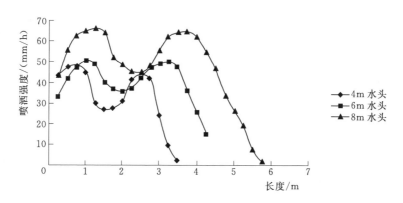

图 3-32　N65 五孔横向水量分布图

从图 3-25～图 3-32 可以看出：微喷带流量偏差率较大，当铺设长度为 35m 时，4 种规格的微喷带首部的出水流量分别为尾部出水流量的 1.8～1.3 倍、2.7～1.8 倍、5.6～4.2 倍、3.8～1.7 倍，不能够满足灌水均匀性的要求，而且微喷带的铺设长度过短，对"双高"糖料蔗基地会影响蔗田的机械化耕作；微喷带在额定工作压力的条件下，水滴喷洒宽度在 4m 左右，两条微喷带的铺设间距宜设置在 4m 左右，水滴喷洒均匀度较差，仅为 0.35～0.78，对糖料蔗封行后蔗茎影响水滴喷洒均匀度更差，仅为 0.15～0.26。总体而言，微喷灌不宜作为糖料蔗"双高"基地水利化建设的一种灌溉方式，但可作为部分农户分散经营并套种西瓜等经济作物的零星蔗田的一种灌溉方式。

3.5　应用建议

（1）通过修建高位水池或调蓄池将输水系统和配水系统分开的分区、分压设计模式，并合理布设进排气阀、安全阀（超压泄压阀）以及控制管网流速，能有效防止水锤危害，保护骨干输水管网安全。

（2）滴灌灌溉管网布设受地形坡度影响较大，为满足机械化耕作要求，滴灌带铺设长度宜控制在 100～120m，铺设坡度宜采用顺坡坡比 0.01～0.03，宜优先选用滴头流量为 1.36L/h、滴头间距为 30cm 的滴灌带。为满足灌水均匀性要求，要合理控制支管的长度和管径：当坡度小于 5° 时，支管长度为 80～100m；当坡度为 5°～7.5° 时，支管长度为 60～100m，按照坡度内插确定；当坡度为 7.5°～10° 时，支管长度为 26～60m，按照坡度内插确定，并按照管道流速不超过 3.0m/s 选定支管管径；当坡度大于 10° 后，则需采用压力补偿式滴灌带或开发新型的调压设施设备才能确保支管的铺设长度超过 25m（满足"双高"糖料蔗基地建设要求的单幅地块的最小宽度要求）。

（3）喷灌田间管网布设受地形坡度影响也较大，当坡度为 0°～5° 时，建议选择 PY30、PY40、PY50 及类似性能的喷头，喷头间距系数宜为 1.0 左右；当坡度为 5°～10° 时，建议选择 PY40、PY50 及类似性能的喷头，喷头间距系数宜为 0.81～0.85；当坡度超过 10° 时，虽然喷头间距满足机械化的要求，但是喷灌强度较大，建议进行坡改梯。

（4）微喷灌喷洒均匀度较差（一般为 0.35～0.78），且微喷带铺设长度较短（一般在 35m 左右），不宜作为"双高"糖料蔗基地水利化建设的一种灌溉方式，但可作为部分农户分散经营并套种西瓜等经济作物的零星蔗田的一种灌溉方式。

3.6 典型分区布局

（1）供水工艺流程与系统的划分：水源泵站—高位水池—首部工程（包括施肥系统、加压系统、过滤系统、保护装置和测量控制系统等）—骨干输、配水管网工程—田间首部工程（一般以 500 亩左右为单元设置田间首部工程）—田间分干管网工程—灌水小区（将 500 亩分为多个灌水小区，一般 30 亩左右设为一个灌水小区）。

（2）连片面积较大时，应划分为多个单元系统，安排在同一时间灌溉的各单元系统的灌水小区组成一个轮灌组。

（3）供水分区：高效节水灌溉工程供水方式主要有高位水池供水和水泵直供两种。有条件修建高位水池的尽量采用高位水池方式，将工程分为输水、配水两个相对独立的系统。

（4）系统分区：较大片区一般按分区—单元系统—灌水小区三个层次进行规划。每个片区或分区被分为数个单元系统，每个单元系统由一个田间首部控制；单元系统分为数个灌水小区，每个灌水小区由阀门控制，为设计最小控制单元。工程运行时，每个单元系统内仅有一个灌水小区灌水，片区或分区一次灌溉面积（轮灌组）＝单元系统个数×灌水小区面积。某项目区系统分区规划及分压布置如图 3 - 33 和图 3 - 34 所示。

图 3 - 33 某项目区系统分区规划图

图 3 - 34 某项目区分区分压布置示意图

4　山丘坡地管网布控简易配套技术

基于山丘坡地灌溉管网布置起伏较大、灌溉管理多样性的客观要求，通过山丘坡地管网布控工程配套设施研究，形成了坡耕地支管调压装置、灌溉首部净化处理设施、集中经营蔗区应用的旋流施肥装置、适用于分散经营的分布式施肥装置、有利于机械化的喷灌竖管连接装置、地埋滴灌系统调压防堵装置、具有施肥药功能的光伏喷灌移动装置等多项实用技术设施，有效解决了坡耕地支管压力差异较大、地埋滴灌系统灌水小区灌水均匀性较低、灌溉水质差及过滤成本高、集中经营和分散经营蔗区水肥一体化、与机械化相结合喷灌支管布设、偏远分散式蔗区干旱缺水等问题。现将各项技术说明如下。

4.1　坡耕地支管调压装置

地形坡度对灌溉管网压力分布影响非常大，导致灌溉管网单元的灌水均匀性较差，且整个田间管网系统的实际流量明显高于设计流量，进而导致整个滴灌系统内实际压力分布与设计计算得出的压力分布之间存在较大误差，影响设计精度。另外，受坡度的影响，灌溉管网单元位于支管末端的滴灌带所承受的压力会超出了部分管壁较薄的滴灌带的承压范围，易出现爆管，因而需要采用有效调压措施。

4.1.1　支管调压装置工作原理

为解决丘陵坡地滴灌系统支管调压问题，开发了一种支管压力调节装置，该装置巧妙利用通过改变管道水力条件造成的局部水头损失，将滴灌系统支管压力水头控制在一定范围内，确保支管压力均匀分布，实现丘陵坡地滴灌系统支管压力调节的目的，该装置的结构如图 4-1 所示。

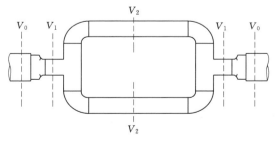

图 4-1　支管压力调节装置示意图

该装置具体工作原理如下：

安装位置处支管管径为 d_0，过流流量为 Q_0，流速为 V_0。

首先，水流通过变径接头，管径变为 d_1，流速变为 V_1，则：

$$V_1 = V_0 \left(\frac{d_0}{d_1}\right)^2$$

断面突然收缩过程中，按照前人的试验成果，变径产生的水头损失为

$$h_1 = 0.5 \left[1 - \left(\frac{d_1}{d_0}\right)^2\right] \frac{V_1^2}{2g} = 0.5 \left[1 - \left(\frac{d_1}{d_0}\right)^2\right] \left(\frac{d_0}{d_1}\right)^4 \frac{V_0^2}{2g}$$

其次，水流通过等径三通分流后，流速变为 V_2，则：

$$V_2 = \frac{1}{2} V_1 = \frac{1}{2} V_0 \left(\frac{d_0}{d_1}\right)^2$$

参照相关文献，分流产生的水头损失为

$$h_2 = \zeta_1 \frac{V_2^2}{2g} = \zeta_1 \frac{1}{4} \left(\frac{d_0}{d_1}\right)^4 \frac{V_0^2}{2g}$$

式中：ζ_1 为经验系数，取值一般为 1.3。

再次，水流通过两个 90°弯头后，产生局部水头损失为

$$h_3 = h_4 = \zeta_2 \frac{V_2^2}{2g} = \zeta_2 \frac{1}{4} \left(\frac{d_0}{d_1}\right)^4 \frac{V_0^2}{2g}$$

式中：ζ_2 为经验系数，取值一般为 1.1。

然后，水流通过等径三通汇流后，流速又变为 V_1，参照相关文献，汇流产生的水头损失为

$$h_5 = \zeta_3 \frac{V_1^2}{2g} = \zeta_3 \left(\frac{d_0}{d_1}\right)^4 \frac{V_0^2}{2g}$$

式中：ζ_3 为经验系数，取值一般为 1.2。

最后，水流通过变径接头后，恢复管径 d_0，参照相关文献，产生局部水头损失为

$$h_6 = \left[1 - \left(\frac{d_1}{d_0}\right)^2\right]^2 \frac{V_1^2}{2g} = \left[1 - \left(\frac{d_1}{d_0}\right)^2\right]^2 \left(\frac{d_0}{d_1}\right)^4 \frac{V_0^2}{2g}$$

安装装置后，产生的总水头损失 $h_{总} = h_1 + h_2 + h_3 + h_4 + h_5 + h_6$，由于装置长度在 0.8m 左右，沿程水头损失相对较小，可忽略。

即：支管上安装本装置后，需要充分考虑该装置造成的水头损失及其对整个管网系统压力分配产生的影响。

该装置主要有 12 种标准型号，见表 4-1。

表 4-1 支管调压装置 12 种标准型号 单位：mm

型号	首、尾端变径公称直径	等径三通公称直径	90°弯头公称直径	直管公称直径
1	90~110	90	90	90
2	75~110	75	75	75
3	63~110	63	63	63
4	75~90	75	75	75
5	63~90	63	63	63
6	50~90	50	50	50
7	63~75	63	63	63
8	50~75	50	50	50
9	50~63	50	50	50
10	40~63	40	40	40
11	40~50	40	40	40
12	32~50	32	32	32

从图 4-2～图 4-13 可以看出，12 种型号的调压装置均有一定降低水压的能力，且各型号调压装置降压值与其过流能力直接相关，过流量大，其降低水压的幅度较大。鉴于本调压装置结构简单、主要材料均为管材配件、可以制模统一预制并可和管材一样直接埋在地下等特点，我们将其应用于丘陵坡地支管调压上。另外，不同型号的调压装置调压效果理论计算值与实测值之间较匹配性较好，可以通过理论计算值作为分析调压装置调压效果分析的参考。

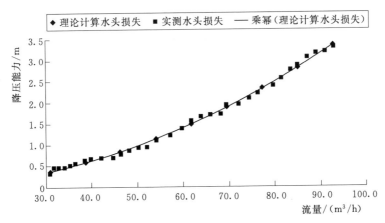

图 4-2 型号 1 调压效果理论计算值与实测值对比情况

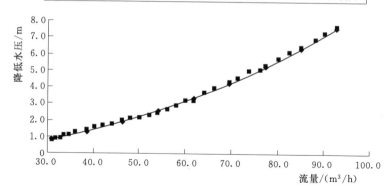

图 4-3　型号 2 调压效果理论计算值与实测值对比情况

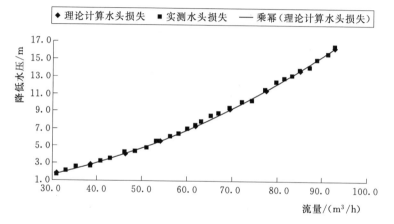

图 4-4　型号 3 调压效果理论计算值与实测值对比情况

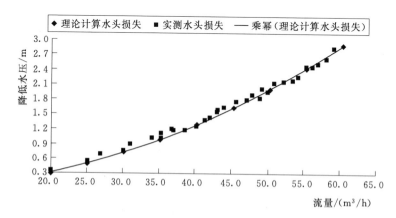

图 4-5　型号 4 调压效果理论计算值与实测值对比情况

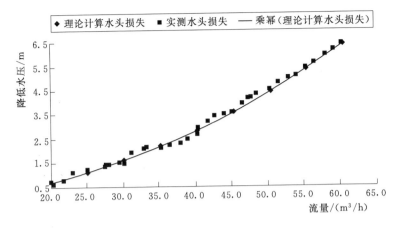

图 4-6 型号 5 调压效果理论计算值与实测值对比情况

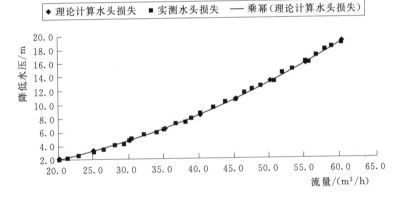

图 4-7 型号 6 调压效果理论计算值与实测值对比情况

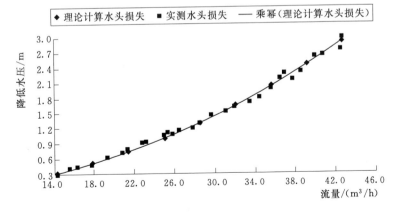

图 4-8 型号 7 调压效果理论计算值与实测值对比情况

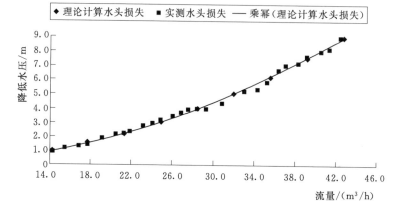

图 4-9　型号 8 调压效果理论计算值与实测值对比情况

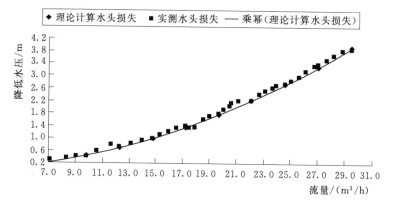

图 4-10　型号 9 调压效果理论计算值与实测值对比情况

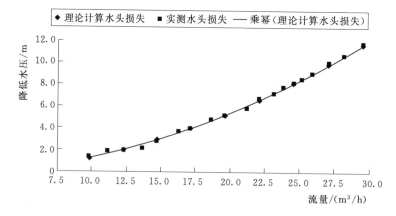

图 4-11　型号 10 调压效果理论计算值与实测值对比情况

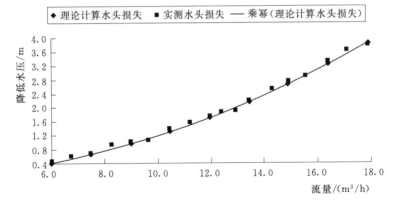

图 4-12　型号 11 调压效果理论计算值与实测值对比情况

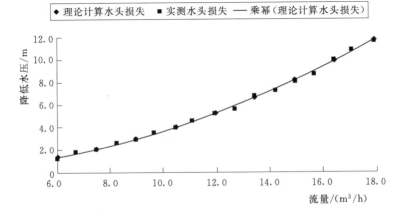

图 4-13　型号 12 调压效果理论计算值与实测值对比情况

4.1.2　应用及效果

坡度为 10°时，在支管 22.4m 处安装型号 4 调压装置，在 40.0m 处安装型号 7 调压装置，在 60.8m 处再次安装型号 7 调压装置，在 80.0m 处安装型号 11 调压装置，在 89.6m 处安装型号 12 调压装置，支管压力分布情况如图 4-14 所示。田间单元内灌水均匀度为 19.85％，满足滴灌田间灌水单元对灌水均匀性的要求（不超过 20％），整个单元的入口流量为 56.79m³/h，整个单元设计流量（按滴头额定流量计算）为 55.99m³/h，误差较小，不会影响滴灌系统设计精度。

坡度为 15°时，在支管 14.4m 处安装型号 4 调压装置，在 25.6m 处安装型号 4 调压装置，在 35.2m 处安装型号 7 调压装置，在 48.0m 处安装型号 7 调压装置，在 54.4m 处安装型号 7 调压装置，在 62.4m 处安装型号 8 调压装置，在

78.4m 处安装型号 11 调压装置，在 88.0m 处安装型号 12 调压装置，在 94.4m 处安装型号 12 调压装置，支管压力分布情况如图 4-15 所示。田间单元内灌水均匀度为 20.0%，满足滴灌田间灌水单元对灌水均匀性的要求（不超过 20%），整个单元的入口流量为 56.65m³/h，整个单元设计流量（按滴头额定流量计算）为 55.99m³/h，误差较小，不会影响滴灌系统设计精度。

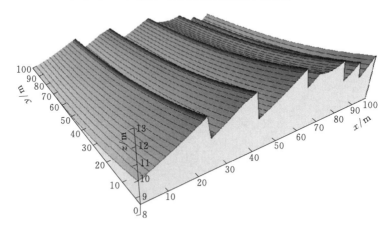

图 4-14 坡度为 10°时调压后田间管网压力水头分布情况

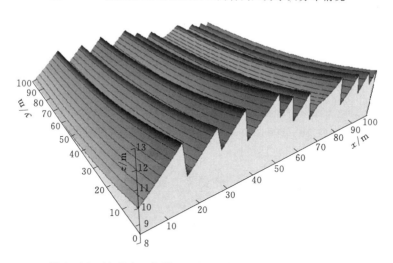

图 4-15 坡度为 15°时调压后田间管网压力水头分布情况

因此，按照目前广西田间管网单元通用的布设模式，顺坡坡度 10°、15°时，在支管适宜的位置安装项目组开发的支管调压装置，通过装置的消能调压作用，能将支管内的水头压力控制在适合的范围内，满足支管调压要求，而且该装置完全由管道及配件构成，能直接埋于地下，可自行组装，也可制模批量生产，具有施工方便、造价低廉等特点，而且与一般管道一样无需增加维修管护成本。

4.2 利于机械化耕作的地埋滴灌系统

目前，地埋滴灌田间灌水单元一般由田间首部、支管、滴灌管、排污管构成。一般情况下，支管和排污管垂直于作物种植方向铺设，滴灌管平行于作物种植方向铺设。由于受灌水均匀度的制约，滴灌管铺设长度通常不超过100m，即在不超过100m的范围内，有一条供水支管和一条排污管垂直于作物种植方向，即使考虑双向布管，田间灌水小区沿滴灌管方向的长度也不超过200m。受此限制，地块长度通常不超过200m，机械化耕作时200m需要调头一次，且在埋设支管和排污管附近（间隔通常不超过100m）需调整作业状态以保护地埋管道和出地接头，这增加了机械操作难度并浪费了工时。针对以上问题，在保证灌水均匀度和不增加工程投资的基础上，调整地埋滴灌田间管网的布设形式，加大地埋管的间距，放宽对地块长度的限制，提出更利于机械化耕作的地埋滴灌系统。

4.2.1 地埋滴灌系统工作原理

该系统的原理如下（设计方案如图4-16所示）：

（1）在过滤器组件后增设一台持压阀，将水泵运行特征曲线中高效区最低压力值，设定为水流通过持压阀的压力阀值，当经水泵加压的水流水压大于该压力时才能顺利通过持压阀进入输配水管网系统，这样一方面避免了水泵启动时长时间处于大流量、低扬程的运行状态，防止水泵过载；另一方面可使水泵迅速进入高效区运行，提高水泵的运行效率。

（2）在输水干管与输配水管网连接处附近旁接快速释压阀和回水管道，将输配水管网入口安全允许压力值，设定为快速释压阀泄压阀值，当滴灌系统首部向输配水管网供水，由于某些原因，导致管网内部水头压力高于正常运行状态时，反馈到管网入口，管网入口压力也会高于正常运行状态，当管网入口压力达到管网入口允许压力值时，快速释压阀会迅速自动开启，将超过的压力通过水流释放出去，然后又自动关闭，确保管网入口压力控制在安全范围内，相应的也将管网压力控制在安全范围内，保护管网安全。

（3）田间灌水单元采用供水支管替代传统排污管，从传统一条供水支管，两边分别布设一条排污管的形式，改变成由三条供水支管向两组滴灌管供水，滴灌管的首尾两端均与供水支管相连（图4-17）。当灌溉前对支管和滴灌管进行冲洗时，开启中间供水支管的首端阀门并关闭其末端排污阀，关闭两边供水支管的首端阀门并开启其末端排污阀，对滴灌管和两边支管进行冲洗；然后，关闭中间供水支管的首端阀门并开启其末端排污阀，开启两边供水支管的首端阀门并关闭其末端排污阀，对滴灌管和中间支管进行冲洗。灌溉时，三条供水支管的阀门同

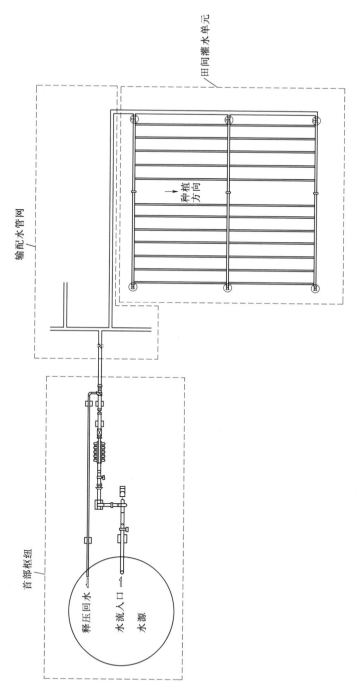

图 4－16   利用机械化耕作的地埋滴灌系统设计方案示意图

时开启，由两个供水支管同时向滴灌管供水。由于灌水均匀度是制约非压力补偿式滴灌管铺设长度的主要因素，这种连接方式，将传统滴灌管末端水压力最小，改为滴灌管中间水压力最小。

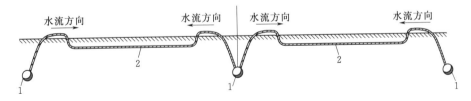

图 4－17　田间灌水单元支管、滴灌带布设模式示意图
1—供水支管；2—滴灌带

4.2.2　应用情况及效果

地埋滴灌系统，首先，有效防止水泵因长时间处于不良运行状态导致的水泵过载，保护电机和水泵安全，也可使水泵迅速进入高效区运行，提高水泵的运行效率；其次，在很大程度上，避免了因设计瑕疵、管护不当等原因造成的系统爆管事故，提高了系统的安全性和可靠性；第三，在保证灌水均匀度和不增加工程投资的基础上，将滴灌管的长度增加一倍，即滴灌管长度可从 100m 左右提高到 200m 左右，田间灌水单元沿滴灌管方向的长度从 200m 左右提高到 400m 左右（滴灌带压力分布情况如图 4－18 所示），大幅度减少机械耕作时调头次数和调整作业状态的频次，比原有方法更利于机械化耕作。

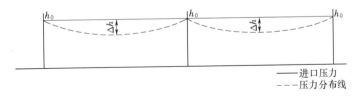

图 4－18　田间灌水单元滴灌带压力分布情况

4.3　灌溉首部净化处理设施

结合广西坡耕地灌溉系统输水管网与田间管网通过高位水池分隔的设计形式，研发一种具有初步过滤功能的高位水池，该水池设置在田间首部加压、过滤系统前，通过水池过滤后的水质较好，能明显减轻过滤系统的负荷。

4.3.1　灌溉首部净化处理主要工作原理

灌溉首部净化处理设施主要包括连通水源的进水池及设置于进水池内的过滤池、排污池。进水池的进水口通过蝶阀进行控制；过滤池的框架由圈梁和过滤盖板组成，圈梁通过钢筋网分割成双腔过滤结构，其外缘腔体填粗过滤体，内缘腔体填细过滤体，过滤池内安装有出水管，出水管通过蝶阀进行控制；排污池由排污池壁体及排污池盖板组成，排污池设于进水池的下段部位置，排污池内设置有排污管，排污管通过蝶阀进行控制。灌溉首部净化处理设施结构示意图如图4-19所示。

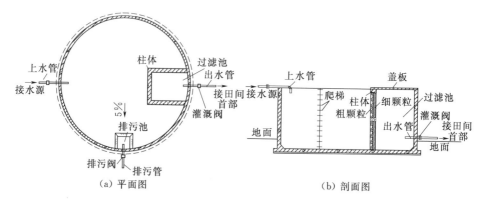

（a）平面图　　　　　　　　　　　　　（b）剖面图

图 4-19　灌溉首部净化处理设施结构示意图

过滤料级配对水池的过滤效果影响较大，经过试验对比，提出喷灌、微喷灌采用鹅卵石滤料组合（4～8mm、8～16mm各占50%），滴灌采用鹅卵石＋石英砂滤料组合（0.5～1.0mm粒径石英砂，2～4mm粒径鹅卵石各占50%），见表4-2。

表 4-2　　　　　　　　　　　过 滤 组 合 选 型

灌溉方式	灌溉流量/(m³/h)	灌溉延续时间/h	过滤组合形式	有效过滤面积/m²
喷灌	123	9	鹅卵石滤料组合（4～8mm、8～16mm各占50%）	6.23
微喷灌	119	9	鹅卵石滤料组合（4～8mm、8～16mm各占50%）	6.00
滴灌	50	9	鹅卵石滤料组合（2～4mm、4～8mm各占50%）	6.40

4.3.2　应用情况及效果

首部净化处理设施申请获得了实用新型专利，在崇左市江州区太平镇公益片高效节水灌溉工程、崇左市左州镇金城片高效节水灌溉工程、来宾市武宣县二塘镇朗村片区高效节水灌溉工程、柳州市柳城县大龙片高效节水灌溉工程、桂林市临桂区南边山乡高效节水灌溉工程等进行了推广应用，应用涉及的面积达6.50万亩，如图4-20和图4-21所示。

图 4-20　江州区太平镇公益片
首部净化设施

图 4-21　江州区左州镇金城片
首部净化设施

通过推广应用，提出以下经验供参考：500 亩蔗区，一般分为 10 个轮灌组，每个轮灌组 50 亩根据过滤速率及过滤效果，推荐喷灌工程选用过滤墙面积为 6.23m² 左右，微喷灌工程选用过滤墙面积为 6.00m² 左右，滴灌工程选用过滤墙面积为 6.40m² 左右。

4.4　集中经营蔗区应用的旋流施肥装置

近几年来，广西全力推进经营规模化、种植良种化、生产机械化和水利现代化的优质高产高糖糖料蔗基地建设，其中，经营规模化和水利现代化的要求统一施肥、集中经营，需要能实现水肥一体化的灌溉系统，研发一种旋流喷射式施肥装置，该装置可以加快肥料的溶解速率，提高施肥效率，节省能源。

4.4.1　旋流施肥装置主要工作原理

旋流施肥装置是基于充分利用首部枢纽加压水泵的压力，把水从管道的小孔中喷射而出，形成较强的旋流，加快肥料的溶解，提高施肥效率。该施肥装置由进水溶肥池、过滤网和过滤池组成；池体由水泥砖砌筑而成，底部现浇 C15 混凝土；过滤网采用 80 目的滤网；喷射搅拌管采用 DN50 的 PVC-U 管制做成回型喷射管，采用打孔机在管道上打孔，将其安装在进水溶肥池内，并与系统进水管连接；过滤池与系统的出水管相连接，并安装有施肥泵和叠片过滤器，施肥泵优先选用不锈钢的管道泵，其扬程比系统的加压泵要大 5m 以上，确保水肥溶液注入灌溉系统，如图 4-22 所示。

回型喷射管的管径、喷射孔的孔径和喷射角对旋流效率影响较大，经试验提出采用 DN50 的 PVC-U 管，既能保持压力，又方便打孔；喷射孔分 5mm 和 10mm，喷射角度分 0°（即水平方向）、30° 和 45°；经过试验分析，采用喷射孔越小，

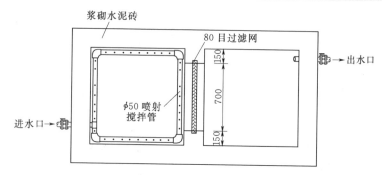

图4-22 旋流喷射式施肥装置（尺寸单位：mm）

水流速度越快，产生的旋流越急，溶解效率越高；喷射角度以0°溶肥效率最佳。

4.4.2 应用情况及效果

该装置申请获得了实用新型专利，并在崇左市江州区濑湍镇板咘片高效节水灌溉工程、崇左市新和镇新村片高效节水灌溉工程、来宾市武宣县三里片高效节水灌溉工程、柳州市柳城县冲脉镇指挥片高效节水灌溉工程等进行了推广应用，应用涉及的面积达5.24万亩，如图4-23和图4-24所示。

图4-23 板咘片的旋流喷射式施肥装置　　图4-24 新村片的旋流喷射式施肥装置

通过推广应用，得出以下结论：相比自流溶解施肥装置，0°喷射角5mm喷射孔的溶肥效率提高97%以上。在实际糖料蔗施肥过程中，糖料蔗亩均施肥量一般在140kg左右，对于一个单次灌溉100亩的灌区也就需要14t的施肥量，对于4m×1m规格施肥池，单次施肥量在10～20t为宜，分批次施肥，一次施肥溶解与灌溉时间在2h左右，这样既能保证施肥均匀性又能提高施肥效率。

4.5 适用于分散经营的分布式施肥装置

广西蔗区有着套种西瓜等经济作物的习惯，这些蔗区大多采用微喷灌的方式，能同时兼顾糖料蔗和西瓜的灌溉和施肥。同时，这些蔗区基本上分散式经营，每家每户灌溉时间和施肥时间不一致，我们研发出了一种能根据每个田块对水分、肥料的需求进行差异灌溉和施肥的装置。

4.5.1　分布式施肥装置主要工作原理

该装置通过文丘里施肥器或者施肥球阀来实现。该装置（图 4-25）主要包括文丘里施肥器（或施肥球阀）、叠片过滤器、空气阀等设备，其中，需要施肥时，将所述施肥球阀的开度减小，将所述施肥阀门全部打开，使水流经过所述施肥球阀的支管，利用水流通过所述施肥球阀产生的真空吸力，将肥料溶液从所述施肥罐中均匀吸入。如田块仅需要灌水，不需要施肥时，打开所述施肥球阀，关闭所述施肥阀门即可。

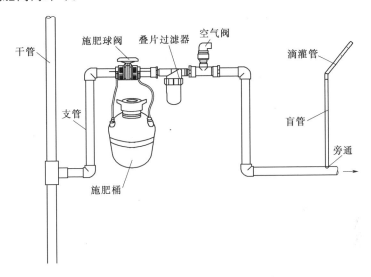

图 4-25　分布式施肥装置示意图

采用微喷灌分布式施肥装置时，选择与灌溉流量相匹配的文丘里施肥器（或施肥球阀）非常必要，具体见表 4-3。

表 4-3　　　　　　　　　　　　　　文丘里施肥器的选型

序　号	型号规格	最小工作压力/kPa	浓度调节范围/%	流量范围/(m³/h)	面积范围/亩
1	SFW25	30	0.5~10	0.5~3	0.1~0.6
2	SFW40	100	0.5~10	5~15	1~3
3	SFW50	100	0.5~10	10~30	2~6
4	SFW60	100	0.5~10	25~50	5~10

4.5.2 应用情况及效果

分布式施肥装置设施申请获得了实用新型专利，并在崇左市江州区扶绥县渠黎镇蕾陇片高效节水灌溉工程、崇左市扶绥县渠黎镇渠凤片高效节水灌溉工程、崇左市扶绥县龙头乡旧庄片高效节水灌溉工程等进行了推广应用，应用涉及的面积达 3.62 万亩。

通过推广应用，得出以下结论：该装置具有结构简单、造价低、施肥精准等特点，采用该装置后，各家各户可以按照蔗田的实际需求进行灌水和施肥，不仅可以增产原料蔗 2t/亩以上，也能节省肥料 45% 以上。

4.6 有利于机械化的喷灌竖管连接装置

喷灌是一种先进的农业灌溉技术，利用喷头将有压水源喷洒成细小的雨滴进行灌溉，适用于种植在丘陵坡地的糖料蔗灌溉。糖料蔗属高秆作物，灌溉糖料蔗的喷灌竖管出地高 2m 左右，喷头通过竖管与灌溉系统连接，竖管一般采用镀锌钢管，从投资限制、管理方便和设备安全等方面考虑，将竖管分地下和地表两部分（竖管之间采用螺纹连接）；地表以上的竖管和喷头采用可拆卸式，每个喷灌工程备 3 组竖管和喷头（以轮灌组为单位，二用一备），灌溉时安装，灌完回收仓库以免被盗。由于喷灌反作用力比较大，喷头工作时，竖管受力较大，易损坏地下部分竖管的外螺纹，造成竖管之间连接处漏水，为处理这个情况，一般要把开螺纹段的竖管切割，再重新开螺纹，如此重复几次，竖管所剩无几，需敲掉镇墩，重新更换竖管，耗工大，维修成本高。基于此，研发了一种喷灌竖管连接装置，能改良竖管的连接方式，提高喷灌竖管的稳定性与使用寿命，并且便于更换零部件，在不影响机械化耕作的基础上增加镇墩的抗滑稳定性。

4.6.1 喷灌竖管连接装置技术原理

该装置包括镇墩基础、镇墩、支管、地下竖管、地上竖管和喷头，地上竖管通过法兰盘与地下竖管相连接，喷头安装在地上竖管的顶端。镇墩基础为长方体形状，基础的水平截面面积大小是接触面的 4 倍，高 1.4m，地下部分高度为 0.8m，地上部分为 0.6m；将镇墩及其基础作为一个整体来浇筑，增大受力面，提高镇墩的抗滑稳定性，而镇墩本身的体积保持不变或适当减少，从而减少对机械化耕作的影响。出地管和竖管采用法兰连接，即法兰盘固定于出地管顶端和固定竖管的底端，两端竖管采用螺纹连接，如出现连接漏水问题，只需更换该段管道，不需要敲掉镇墩更换整段地下竖管，减少维修成本。喷灌竖管连接如图 4-26所示。

4.6.2 应用情况及效果

喷灌竖管连接装置申请获得了实用新型专利，并在广西农垦集团金光农场喷灌工程、良圻农场喷灌工程等进行了推广应用，应用涉及面积达 4.68 万亩，如图 4 - 27 所示。

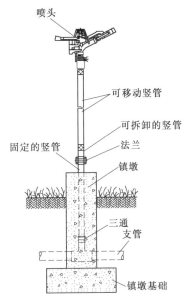

图 4 - 26　喷灌竖管连接示意图　　　图 4 - 27　金光农场的喷灌竖管连接装置

通过推广应用发现，对于常规的喷头竖管连接方式，采用本装置主要有以下有利效果：一是在镇墩下面增设一镇墩基础，将两者作为一个整体来浇筑，增大受力面，提高镇墩的抗滑稳定性，而镇墩本身的体积保持不变或适当减少，从而减少对机械化耕作的影响；二是喷头和竖管可移动，喷完一个轮灌组，移动到另一个轮灌组使用，减少喷头和竖管的投入；三是改进竖管的连接方式，增加法兰盘和一小段地上固定竖管，如出现连接漏水问题，只需更换该段管道，不需要敲掉镇墩更换整段地下竖管，减少维修成本。

4.7　地埋滴灌系统的调压防堵装置

广西正在大力发展糖料蔗地埋滴灌，但由于地形起伏较大，各地块的灌水均匀性较差，甚至出现地势低处爆管而高处不能出水的情况。目前使用调压阀价格较高，农户难以接受。将滴灌带埋入土壤中后，灌水停止后，由于滴灌带内缺水暂时处于真空状态，滴灌带内外的压力易把小颗粒吸入滴孔，从而造成滴头堵塞，影响滴灌系统的工作；基于此，我们研发了一种地埋滴灌系统的调压防堵装置，使用后，可调节压力、减少堵塞、提高灌溉效率，延长灌溉系统使用寿命。

4.7.1 地埋滴灌系统调压防堵装置技术原理

该装置主要包括安全调压组件及防堵塞组件（图4-28），支管的顶端设有空气阀，空气阀后安装球阀和蝶阀组合，蝶阀后设有另一个空气阀，地埋滴灌管的尾端采用一根冲洗管进行连接。蝶阀是进行调压的手段，蝶阀的开闭度根据支管所在地的压力来确定，一旦调整到合理的程度，保持不变；球阀用来控制支管的灌溉与停止。阀门前的空气阀负责排除前面的空气，阀门后的空气阀负责补充停止灌溉后支管和滴灌管的真空，防止滴灌管内吸收细小颗粒堵塞滴孔；滴灌管末端连接到冲洗管上，将该支管上所有的滴灌管连接成一个整体，有助于该整体平衡压力，提高灌水均匀性。

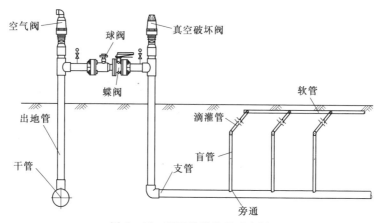

图4-28 调压防堵装置示意图

4.7.2 应用情况及效果

地埋滴灌系统的调压防堵装置申请获得了实用新型专利，并在崇左市江州区新和镇孔香片高效节水灌溉工程、崇左市江州区罗白乡罗白片高效节水灌溉工程、柳州市柳城县大龙片高效节水灌溉工程等进行了推广应用，应用涉及面积达6.48万亩，如图4-29和图4-30所示。

图4-29 江州区新和镇孔香片的
调压防堵装置

图4-30 江州区罗白乡罗白片的
调压防堵装置

通过推广应用，得出以下结论：一是采用普通球阀和蝶阀作为组合调压阀，调压效果明显，价格便宜，适合山丘区发展高效节水灌溉工程大规模推广；二是采用的空气阀能将管道内的空气排出，保障系统安全；三是真空破坏阀能快速补充空气，破坏滴灌带内的真空状态，对防止滴灌带倒吸细小颗粒进入滴孔有良好的效果；四是采用冲洗管将滴灌带末端连接在一起，使滴灌带形成一个整体，平衡压力，灌水更均匀。

4.8 具有施肥药功能的光伏喷灌移动装置

广西 30% 左右的蔗区分布零星分散，且远离水源，发生干旱时，抗旱难度非常大。目前，农业抗旱多采用柴油机抽水灌溉，抗旱成本比较高；若架设电线，建设灌溉工程，由于距离远且分散，建设成本非常高；基于此，研发了一种具有施肥（药）功能的光伏喷灌移动装置，可以作为该类蔗区应急抗旱工具和零星山坡地的移动灌溉。

4.8.1 具有施肥药功能的光伏喷灌移动装置技术原理

该装置（图 4-31）搭载于三轮车上，采用太阳能光伏板发电作为电源，需要移动或者喷灌时，直接启动电动机或水泵；如不需移动或者喷灌，同时太阳能辐射较强时，可将电存到蓄电池内，以供阴天或雨天使用。

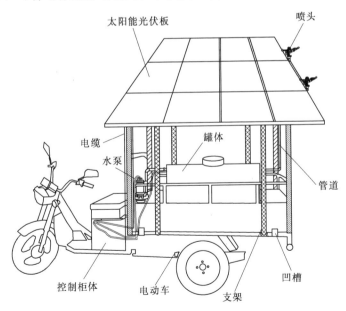

图 4-31　具有施肥药功能的光伏喷灌移动装置示意图

73

4.8.2   应用情况及效果

具有施肥（药）功能的光伏喷灌移动装置申请了国家发明专利，在崇左市江州区陇铎高效节水灌溉试验基地和南宁市灌溉试验中心站各配置了1套，如图4-32和图4-33所示。

图4-32   江州区太平镇陇铎片的移动装置　　图4-33   南宁市灌溉试验中心站的移动装置

通过推广应用，得出以下结论：该装置在晴天9时提水量为0.87m³/h，12时提水量达到2.81m³/h，13时提水量为2.60m³/h，16时降至1.60m³/h，17时以后将不能再提水，晴天平均总提水量12.16m³，可为10亩蔗区提供应急水源和零星山坡地的移动灌溉。

5 山丘区集雨太阳能提水调蓄灌溉技术与应用

广西降雨和光热资源丰富，但降雨、光热资源分布不均、不稳，降雨和光热资源往往不能在农作物生长期需水时得到有效利用，特别是在山丘区还有大量零星分散的种植区域，架线供给能源成本较高，线路维护困难。为充分利用降雨和光热资源并降低提水成本，利用山塘将雨水资源化，解决作物灌溉就地提水问题，本章提出了"集雨山塘＋太阳能光伏提水＋高位水池调蓄＋灌溉系统"的技术模式，该技术主要解决了以下几方面的问题：

（1）基于径流小区试验和天然降雨分布情况，提出蔗地（不同生育期）、荒草地、林地等主要集流类型集流面的集流效率，分析了山塘每月收集水量，提出坡耕地雨水资源化量化指标，解决了坡耕地灌溉水源问题。

（2）基于区域气象资料，提出广西区域太阳能辐射时空分布规律，建立太阳能辐射、发电量、提水量与作物（糖料蔗）需水量耦合关系曲线。

（3）在太阳能光伏发电条件下，提出采用多台水泵并联提水模式，辐射弱时启动小水泵，辐射强时同时采用多台水泵，并提出太阳能辐射发电的利用效率。

（4）基于经济比较理论，分析了将"蓄水模式"代替"蓄电模式"的可行性，量化了高位调蓄水池的亩均容积标准，提出 1 亩蔗地配套 $1\sim2m^3$ 调蓄容积的经济最优模式。

下面以崇左市江州区濑湍镇丈四片坡耕地集雨太阳能光伏提水调蓄灌溉项目区为例，说明集雨太阳能提水调蓄灌溉技术原理与应用。

5.1 集雨太阳能光伏提水调蓄灌溉技术系统构成

集雨太阳能光伏提水调蓄灌溉系统包括集雨系统、光伏提水系统和蓄水灌溉系统三部分，系统工艺流程如图 5-1 所示。下雨时，雨水通过集流面收集到集水池，根据太阳能辐射强度，日照峰值其大功率水泵、小功率水泵同时启动，太阳能辐射强度一般时，启动大功率水泵，太阳能辐射强度弱时，启动小功率水泵。高位水池具有调蓄功能，调蓄容积一般为灌溉系统一次灌溉水量。一般时段，抽水、灌溉同时进行，在不需要灌溉又有日照时，利用光伏提水系统将水不断提至高位水池蓄起来，在需要灌溉时放水灌溉。

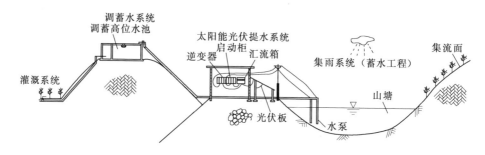

图 5-1 集雨太阳能光伏提水调蓄灌溉系统工艺流程图

（1）集雨系统（蓄水工程），主要是山塘、蓄水池和水柜等。对于集流条件较好且灌溉保证率较高，适于建设容积较大的山塘或蓄水池；对于集流条件较差，或者修建容积较大的山塘、蓄水池难度较大，适于修建容积较小的水柜、蓄水池。

（2）光伏提水系统，由太阳能发电系统、光伏扬水逆变器控制系统和水泵构成：太阳能发电系统由多块太阳能电池组件串并联而成，为整个系统提供动力电源；光伏扬水逆变器控制系统对运行实施控制和调节，驱动水泵，实现最大功率点跟踪，最大限度地利用太阳能。

（3）调蓄水系统（高位水池），在系统中设置一个调节水池，当阳光充足、水泵工作时间较长，水泵抽水量不仅可以满足用户用水需求，还将多余的水蓄在水池中；当阳光不充足，用水时，可以先利用储存在调节水池里面的水进行应急。

调节水池的容量一般应能满足系统 4~6h 的用水需求。通过高位水池，变"蓄电"为"蓄水"，节省投资，且利用效率更高。

（4）灌溉系统，由于收集到雨水资源有限，如高位水池和蔗区的高差压力能满足滴灌的要求，优先推荐使用滴灌；滴灌系统包括出水管、过滤器、支管、滴灌带等。如高位水池和蔗区的高差压力小，则推荐使用低压管灌的方式，田间接软管浇灌，该系统包括出水管、支管和给水栓。

5.2 相关雨水资源指标及集蓄能力

5.2.1 降雨特征

根据相关气象资料统计，项目区 2014 年水文年降雨强度大于 4mm/h 的共有 69 次，共 560mm，其中 4~6mm/h 的降雨 25 次，6~8mm/h 的降雨 16 次，8~15mm/h 的降雨 21 次，15mm/h 以上的降雨 6 次。

5.2.2 不同集流面集流特征

项目区集雨面降雨产流方式是超渗产流，主要受降雨强度和坡度的影响。当降雨强度小于 15.6mm/h 时，随着降雨强度的增加，集流强度提高，达到 15.6mm/h 时，此时土壤饱和，集流效率达到最大，达到 0.311～0.378，见表 5-1；随后集流效率就稳定在最大集流效率附近。坡度也是影响蔗地集流效率的一个重要因素，集流面坡度越大，其集流效率和单位面积集雨面的集水量也越大。因为坡度较大时可增加流速，减少降水过程中坡面流水的厚度，降水停止后坡面上的滞留水也减少，因而可提高集流效率和单位面积集雨面的集水量。据试验，5°以下蔗地集流效率仅为 0.114～0.330，5°～15°的蔗地集流效率为 0.120～0.360，15°～25°的蔗地集流效率为 0.128～0.372。

表 5-1   集流面在不同降雨量的集流效率

小 区	降 雨 强 度/(mm/h)							
	4.3	4.9	5.9	7.9	8.8	10.4	15.6	25.9
1 号径流小区	0.114	0.120	0.127	0.203	0.244	0.268	0.311	0.330
2 号径流小区	0.120	0.128	0.138	0.222	0.266	0.293	0.339	0.360
3 号径流小区	0.128	0.134	0.143	0.229	0.275	0.303	0.351	0.372
4 号径流小区	0.134	0.138	0.154	0.247	0.296	0.326	0.378	0.401
5 号径流小区	0.113	0.117	0.141	0.225	0.270	0.297	0.344	0.365
6 号径流小区	0.117	0.114	0.137	0.219	0.263	0.289	0.335	0.355

对于荒草地、灌木林和乔木林，其降雨产流方式与蔗地类似，同等条件下，即坡度相同的情况下，由于荒草地、灌木林和乔木林不用耕作，土壤密实度比蔗地大，因此，荒草地的集流效率比蔗地大，但其集流效率和降雨强度的变化关系基本一致。

根据降雨强度集流效率相近的原则，分析 4～6mm/h、6～8mm/h、8～15mm/h 和 15mm/h 以上降雨强度下的集流效率，结果见表 5-2。

表 5-2   集流面在不同降雨强度下的集流效率

小 区	4～6mm/h	6～8mm/h	8～15mm/h	15mm/h 以上
1 号径流小区	0.120	0.244	0.311	0.330
2 号径流小区	0.128	0.266	0.339	0.360
3 号径流小区	0.134	0.275	0.351	0.372
4 号径流小区	0.138	0.296	0.378	0.401
5 号径流小区	0.117	0.270	0.344	0.365
6 号径流小区	0.114	0.263	0.335	0.355

5.2.3 不同生育期的集流特征

项目区的集流面受甘蔗生育期的影响比较大（图 5-2），且要分是新植蔗和宿根蔗，新植蔗苗期的集流效率非常小，目前一般采用深松深耕，犁地60cm以上，苗期时，土壤疏松，降雨强度太小或降雨时间太短，都不能形成有效径流；到了分蘖期，因土壤逐渐夯实，水分入渗速度减小，集流效率增大；分蘖期后期和伸长期，糖料蔗封行，35％的降雨被蔗叶拦截，落到地面的降雨部分入渗土壤，仅有10％左右的降雨能形成径流。

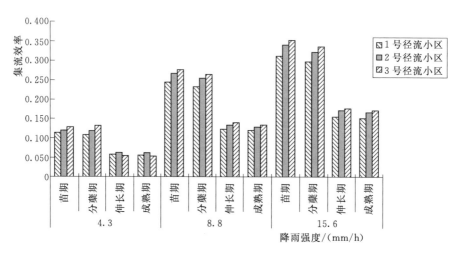

图5-2 不同生育期蔗地集流面随降雨强度的变化图

从图5-2可见，宿根蔗蔗地集流效率的规律为：苗期＞分蘖期＞伸长期＞成熟期。在降雨强度为15.6mm/h的条件下，蔗地苗期的集流效率为0.311～0.351，分蘖期的集流效率为0.295～0.334，伸长期的集流效率为0.155～0.176，成熟期的集流效率为0.151～0.170。

蔗地不同生育期在不同降雨强度下的集流效率见表5-3。

表5-3　　　　蔗地不同生育期在不同降雨强度下的集流效率

小　区	生育期	4～6mm/h	6～8mm/h	8～15mm/h	15mm/h以上
1号径流小区	苗期	0.114	0.244	0.311	0.373
	分蘖期	0.108	0.232	0.295	0.354
	伸长期	0.057	0.122	0.155	0.187
	成熟期	0.055	0.118	0.151	0.181
2号径流小区	苗期	0.120	0.266	0.339	0.407
	分蘖期	0.118	0.253	0.322	0.387
	伸长期	0.060	0.133	0.170	0.204
	成熟期	0.058	0.129	0.165	0.197

续表

小　区	生育期	4～6mm/h	6～8mm/h	8～15mm/h	15mm/h 以上
	苗期	0.128	0.275	0.351	0.422
3 号径流小区	分蘖期	0.131	0.262	0.334	0.401
	伸长期	0.064	0.138	0.176	0.211
	成熟期	0.062	0.134	0.170	0.204

5.2.4　项目区可集蓄潜力

5.2.4.1　集雨能力

项目区是广西坡耕地最主要的集流类型，坡耕地蔗区面积 346.29 亩，其中，5°以下蔗地 69.23 亩，5°～15°蔗地 225.38 亩，15°～25°蔗地 51.68 亩。根据上面的分析，根据各降雨强度下各坡度、各生育期的集流效率、降雨强度下的有效降雨量以及集雨面积，计算蔗地的集雨能力。

根据降雨统计，2014 年降雨强度大于 4mm/h 的共有 69 次，共 560.0mm，其中 4～6mm/h 的降雨 25 次，小计 120.6mm；6～8mm/h 的降雨 16 次，小计 108.8mm；8～15mm/h 的降雨 21 次，小计 228.7mm；15mm/h 以上的降雨 6 次，小计 117.9mm。根据气象资料，对不同降雨强度下的次数和降雨量在各生育期进行分配，分配的结果见表 5－4。

表 5－4　　　　　　　　不同降雨强度下的次数和降雨量分配表

指　标	生育期	4～6mm/h	6～8mm/h	8～15mm/h	15mm/h 以上
	苗期	2	1	2	
	分蘖期	17	7	9	3
降雨次数	伸长期	3	6	8	3
	成熟期	3	2	2	
	小计	25	16	21	6
	苗期	9.6	6.8	21.8	
	分蘖期	82.0	47.6	98.0	56.9
降雨量/mm	伸长期	15.0	40.8	87.1	61.0
	成熟期	14.0	13.6	21.8	
	小计	120.6	108.8	228.7	117.9

根据有效降雨量和对应的集流效率计算蔗地的集流能力，得到蔗地全年可集雨量 27822m³，见表 5－5。

表 5-5　　　　　　　　　　　蔗地集雨能力计算表

类别	生育期	4~6mm/h		6~8mm/h		8~15mm/h		15mm/h 以上		集流面积/亩	集流量/m³
		降雨量/mm	集流效率	降雨量/mm	集流效率	降雨量/mm	集流效率	降雨量/mm	集流效率		
5°以下	苗期	9.65	0.114	6.81	0.244	21.77	0.311			69.23	440
5°~15°			0.120		0.266		0.339			225.38	1556
15°~25°			0.128		0.275		0.351			51.68	371
5°以下	分蘖期	82.01	0.108	47.64	0.232	97.97	0.295	56.90	0.295	69.23	3031
5°~15°			0.118		0.253		0.322		0.322	225.38	10773
15°~25°			0.131		0.262		0.334		0.334	51.68	2583
5°以下	伸长期	15.00	0.057	40.84	0.122	87.09	0.155	61.00	0.187	69.23	1421
5°~15°			0.060		0.133		0.170		0.204	225.38	5043
15°~25°			0.064		0.138		0.176		0.211	51.68	1198
5°以下	成熟期	14.00	0.055	13.51	0.118	21.87	0.151			69.23	262
5°~15°			0.058		0.129		0.165			225.38	924
15°~25°			0.062		0.134		0.170			51.68	220
小　计		120.66		108.80		228.60		117.90			27822

5.2.4.2　林地集雨能力

林地植被覆盖度低，土壤较蔗地集流面和荒草地集流面紧实，径流含沙量较坡耕地小。区域内现有林地 160.88 亩，其中，乔木林 53.44 亩，灌木林 107.44 亩，根据有效降雨量和对应的集流效率计算林地的年可产生地面径流量，结果为 18971m³，其中，乔木林集流面集雨 5888m³，灌木林集流面集雨 13083m³。

5.2.4.3　荒草地集雨能力

荒草地集雨面 72.23 亩，根据有效降雨量和对应的集流效率计算林地的年可产生地面径流量，结果为 7754m³。

5.2.4.4　其他

除蔗地、林地和荒草地集流面外，还有部分路面和水域，这部分每年可产生地面径流量 4219m³。

经过以上试验研究资料统计、分析、推算，项目区的蔗地、荒草地和疏林地等 3 种地类的集流场地，还有水域 12.90 亩和道路 26.25 亩，年集流量可达 58765m³。

5.3　太阳能发电提水调蓄灌溉耦合关系

5.3.1　太阳能发电、提水量与糖料蔗需水量耦合关系

（1）坡耕地蔗区太阳能辐射月分配。2014 年，项目区太阳能总辐射量为

$5371.22MJ/m^2$，9月最大，达$670.38MJ/m^2$；12月最小，仅$271.67MJ/m^2$；其基本规律为夏季、秋季太阳能总辐射量相对较大，春季、冬季总辐射量相对较小。太阳能辐射月分配如图5-3所示。

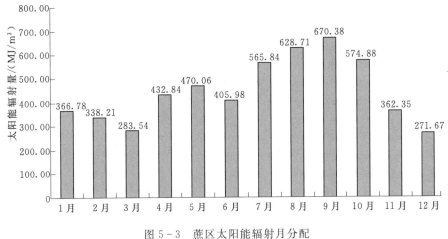

图5-3 蔗区太阳能辐射月分配

（2）太阳能辐射、发电量与提水量耦合的关系。根据全年长系列观测资料统计（图5-4），在18kW的太阳能光伏电池板发电，带动小水泵采用150QJ10-50（流量$10m^3/h$，扬程50m，功率3kW）以及大水泵采用200QJ50-52/4（流量$50m^3/h$，扬程52m，功率11kW）的条件下，全年晴天平均日最大提水流量$25.58m^3/h$。总的来看，太阳能辐射量大，光伏板产生的电量就越多，提水流量也随之增加。7—12时，提水流量逐渐增加，9时提水流量达到最大提水流量的1/3，13时达到最大值；13时以后，提水流量随着太阳能辐射值和发电量的降低而减少。

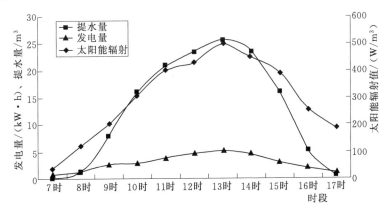

图5-4 太阳能辐射、功率与提水量的变化规律

（3）四季晴天平均提水情况。从季度来看，秋季的提水能力最强，夏季次之，春季和冬季最少，这也与太阳能辐射和发电量的分布规律类似（图 5-5）。春、夏、秋、冬等晴天日均提水量分别为 136.60m³/d，235.99m³/d，240.83m³/d 和 131.98m³/d。

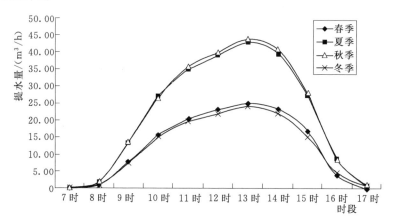

图 5-5 四季典型晴天提水量分布图

（4）试验年可提水总量。根据 2014 年的观测资料，结合气象站观测数据，计算得到在 18kW 太阳能光伏电池板发电，带动小水泵采用 150QJ10-50 和大水泵采用 200QJ50-52/4 的条件下，全年可提水总量为 37303m³，如图 5-6 所示。

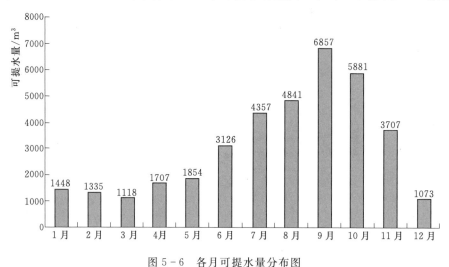

图 5-6 各月可提水量分布图

（5）蔗区太阳能提水量与糖料蔗需水量耦合关系。鉴于光伏水泵提水量与糖料蔗需水量，两者的变化规律基本一致，均在 9 月达到最高值（图 5-7）。太阳能辐射量大时，糖料蔗生长需水也多，两者是基本同步的，也反映了利用太阳能光伏提水灌溉糖料蔗的可行性。

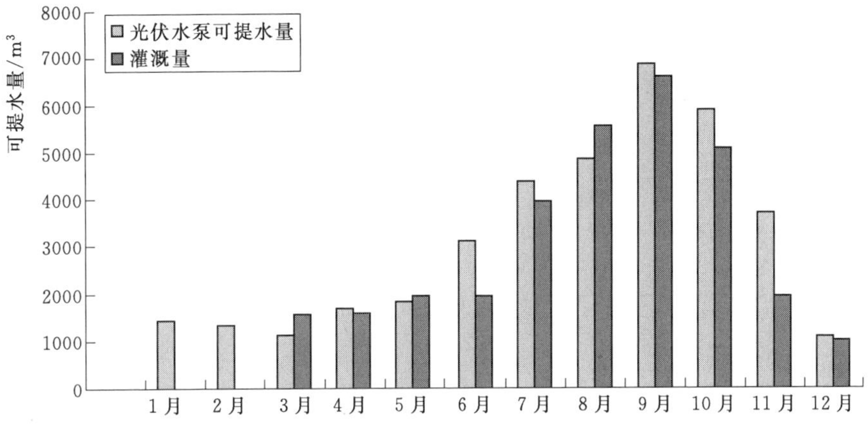

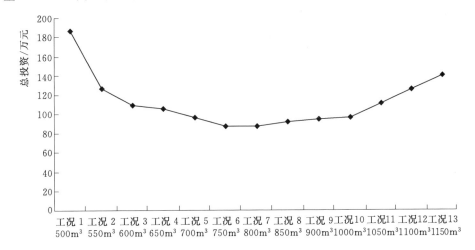

图 5-7　太阳能水泵提水量与糖料蔗需水量耦合关系图

5.3.2　高位水池调蓄灌溉关系

以崇左市江州区丈四片太阳能光伏提水调蓄项目区为实例分析糖料蔗最优调蓄水池容积。为更好地保证灌水时间的一致性，在伸长期每月灌水 3 次，灌溉周期为 7d，即采用高位调蓄水池灌溉每次灌溉前有 3d 时间提水充满水池。从图5-8 可知，每次灌溉时抽水 10d，需要太阳能功率 18kW，配套高位调蓄水池容量 750m³，即亩均配套 1.5m³ 调蓄容积经济性最优。

图 5-8　各种工况总投资

5.3.3　集雨太阳能光伏提水＋水池调蓄＋滴灌集成关系

根据上述典型检测，太阳能光伏有效提水时间为 9—16 时，而糖料蔗灌溉可以是任何时段，实现水肥一体化滴肥，则要求在下午 16 时以后灌溉效果最佳。

由于太阳能光伏有效提水时间相对较短，如仅在这个时段灌溉，需要的太阳能光伏板、水泵、灌溉系统等的投资较大。目前，使用比较多的方式是安装蓄电池，通过平常不需要灌溉的白天产生多余的电能储存起来，以供早晚提水使用，但该方法投资高，不利于推广。集雨太阳能光伏提水灌溉分析见表 5-6。

表 5-6 集雨太阳能光伏提水灌溉分析表

月份	有效降雨量/mm	可集雨量/m³	蒸发量及渗漏量/m³	山塘库容/m³	光伏水泵可提水量/m³	光伏水泵实际提水量/m³	调蓄水池容积/m³	灌溉量/m³	水量均衡/m³	
									余（弃）水量	亏水量
1	4.14	435	87	148	1448	200	200			
2	14.52	1524	44	327	1335	550	750			
3	19.16	2011	98	1122	1118	1118	293	1575		
4	24.48	2569	337	1647	1707	1707	425	1575		
5	50.11	5258	494	4557	1854	1854	299	1980		
6	31.92	3350	1367	4109	3126	2431	750	1980		
7	67.11	7043	1233	5959	4357	3960	750	3960		
8	139.40	14628	1788	13959	4841	4841	39	5552		
9	160.50	16842	4188	14400	6857	6857	294	6602	4924	
10	21.20	2225	4320	6424	5881	5881	1103	5072		
11	27.46	2881	1927	5377	3707	2000	1123	1980		
12			1613	2691	1073	1073	1206	990		
小计	560.00	58766			37304	32472		31266	4924	

项目提出集雨太阳能光伏提水灌溉工程配套修建具有调节功能的高位水池，用"蓄水"代替"蓄能"，由于有水池的调蓄作用，用水时间不局限于光伏提水系统出力的 8h。在有效降雨 560mm 的条件下，项目区 589.98 亩的天然集流面可收集雨水资源 58766m³，光伏水泵可提水量 37304m³，在修建有 750m³ 调蓄水池的情况下，实际提水量为 32472m³，满足 500 亩糖料蔗的滴灌要求。

5.4 集雨太阳能光伏提水调蓄灌溉技术应用效益

5.4.1 经济效益

5.4.1.1 运行效果及成本

（1）集雨太阳能光伏抽水成本。根据试验分析，1kW 太阳能光伏电池板每年提水量 2072m³，25 年提水总量 51800m³。工程使用 25 年，运行费 25 年×95元/年＝2375 元，维修费（含管网维修和控制系统维修，控制系统 7 年后每年需维修 1 次）＝7 年×100 元/年＋25 年×120 元/年＝3700 元，一次性投入总价为

32806 元，共计 38881 元。故抽取每立方米水的成本为：38881 元/51800m³ ＝ 0.75 元/m³。

（2）常规能源抽水成本。采用功率为 1kW 的抽水泵来计算，水泵使用按 25 年，提水量 86300m³。工程建设安装费 7602 元。根据《广西统计年鉴》，水利行业年均工资 1.08 万元/人，农业灌溉工程管护不须全职工作，因此，运行费 25 年×1.08 万元/年×0.1＝27000 元，维修费 25 年×100 元/年＝2500 元，电费＝25 年×1kW×18h×200d×0.4 元＝36000 元。一次性投入和年运行费总投资 73102 元。故抽取每立方米水的成本为：73102 元/86300m³＝0.85 元/m³。

5.4.1.2 增产效益

2015 年 1 月 9 日，广西壮族自治区水利厅依据农业部办公厅关于印发《全国糖料高产创建万亩示范片测产验收办法（试行）的通知》（农办发〔2010〕104 号）和《广西糖料蔗高效节水灌溉项目区测产验收工作指南》，组织专家对 2014 年江州区丈四片集雨太阳能光伏提水滴灌试验示范区进行查定测产验收。

测产结果显示：采用集雨太阳能光伏提水调蓄灌溉区平均亩产量 6.57t，平均蔗糖分 14.24%；无灌溉区（对照）产量 4.16t/亩，蔗糖分 14.81%，即设施灌溉区比无灌溉亩均增产 2.41t。

5.4.2 生态效益

太阳能的节能效益主要体现在光电建筑在运行时减少常规能源的消耗。其环境效益主要体现在不排放任何有害气体。太阳能与火电相比，在提供能源的同时，不排放烟尘、二氧化硫、氮氧化合物和其他有害物质。下面以江州区丈四片集雨太阳能光伏提水灌溉项目区为例说明其减污减排的具体成效。

本光伏发电项目总装机容量约 18kW，年平均上网发电量 5216kW·h，该项在寿命期间发电量为 13.04 万 kW·h。按 2013 年全国平均供电煤耗约 314g/（kW·h）计算，每年可节约标准煤约 1.64t，能源及污染物减排量计算如下：

（1）标准煤减排量。每度电耗煤：按 2013 年全国平均供电煤耗约 0.314kg/（kW·h）计算，本项目光伏发电系统在 15 年使用期内，总节约标准煤：13.04 万 kW·h×0.314kg 标准煤/（kW·h）×15 年＝61.42 万 t。

（2）二氧化碳减排量。每度电 CO_2 减排量：参照每发 1kW·h 电减少排放 CO_2 为 0.8841kg 基准，计算该系统 15 年减排 CO_2：13.04 万 kW·h×0.8841kg CO_2/（kW·h）×15 年＝1729.3t。

（3）二氧化硫减排量。每度电 SO_2 减排量：参照每发 1kW·h 电减少排放 SO_2 为 0.005501kg 基准，计算该系统 15 年减排 SO_2：13.04 万 kW·h×0.005501kg SO_2/（kW·h）×15 年＝10.760t。

（4）粉尘减排量。每度电粉尘减排量：参照每发 1kW·h 电减少排放粉尘 0.002160kg 基准，计算该系统 15 年减排粉尘：13.04 万 kW·h×0.002160kg

粉尘/(kW·h)×15 年＝4.225t。

（5）氮氧化物减排量。每度电氮氧化物减排量：参照每发 1kW·h 电减少排放氮氧化物 0.001728kg 基准计算，该系统 15 年减排氮氧化物：13.04 万 kW·h×0.001728kgNO$_X$/(kW·h)×15 年＝3.380t。

综上所述，太阳能光伏发电为清洁能源发电工程，可使经济效益最大化。与火电相比无烟尘、SO_2、NO_X、CO_2 和灰渣的排放，具有良好的环境效益。不仅优化了能源战略结构，改善了当地的生态环境，而且提高了大气环境质量，具有较好的推广价值。

5.5 应用建议

（1）广西山丘坡地太阳能总辐射量的基本规律为夏季、秋季太阳能总辐射量相对较大，春季、冬季总辐射量相对较小，其中，9 月、10 月的太阳能总辐射量最大，11 月至次年 2 月总辐射量相对较小，其分布规律与糖料蔗需水规律基本一致，可应用于糖料蔗区。

（2）桂西南优势区每千瓦太阳能（有逆变器）全年可提水总量（扬程 30m）为 2072m³，其中，1—12 月分别可提水 80m³、74m³、62m³、95m³、103m³、174m³、242m³、269m³、381m³、327m³、206m³ 和 60m³。

（3）太阳能光伏提水在 9 时达到最大出力的 1/3，12—13 时达到最大出力；上午 9 时前和下午 16 时后，基本上不能提水，即系统正常日工作时间为 8h。

（4）在桂西南优势区，提水扬程 30m 的条件下，对糖料蔗区每亩地至少需要配套 1.5 亩集流面积、30m³ 储水山塘容积、40W 太阳能光伏板和 1.8m³ 调蓄高位水池容积。

（5）在同等条件下，在零星分散、常规水源距离远的坡耕地，采用集雨光伏提水调蓄灌溉技术比常规能源提水的成本水价低 13％左右。该技术是解决零星分散、具备山腰集水、低洼储水、山顶蓄水条件的坡耕地灌溉问题的有效途径。

6   水锤泵提水调蓄灌溉技术与应用

广西大部分山丘坡地在附近存在一些溪流，为充分利用溪流降低提水灌溉成本，通过室内试验和在崇左市扶绥县岜盘乡姑豆村、大新县恩城乡弄龙村开展水锤泵提水技术应用示范，研发提出中高扬程大流量新型水锤泵，并明确其工作性能参数，克服了原有水锤泵效率低下、扬程不高、实用性不强等问题，实现工作效率达到50％～65％（设计理论值为25％～82.5％），最高扬程达到80m（设计扬程为2～30倍的水头落差），解决了坡耕地规模化高效节水灌溉需水量较大、水头较高的提水灌溉动力问题，相关技术说明如下。

6.1   水锤泵工作原理和中高扬程大流量新型水锤泵结构原理

6.1.1   水锤泵工作原理

水锤泵的工作原理是利用水在流动中突然受阻后产生比正常压力高10倍以上的瞬时水锤压力实现提水。

水锤泵与水轮泵一样以水流为动力，由水力驱动，不消耗传统能源。但水轮泵是由水轮机和水泵按一定方式组成的提水机器，水轮机在具有一定能量的水流驱动下旋转，从而带动水泵叶轮转动，在叶轮的作用下，水才被扬至高处，这决定了水轮泵提水耗水量较大，对小流量的溪流，水轮泵一般提水高度不大，它也只能解决河岸一级阶地、平缓耕地的灌溉需要，难以解决更高地势的耕地灌溉需要，特别是难以满足地形起伏变化的缓坡、山坡地的灌溉需要。

水锤泵主要由动力水管（进水管）、缓冲筒（高压空气室）、排水阀、输水阀、扬水管五大部分组成。

水锤泵工作前，排水阀在磁隙弹簧作用下处于开启状态，输水阀在磁隙弹簧和自身重量作用下处于关闭状态。开机时人为控制排水阀进行开启→关闭→开启→关闭往复运作几次后，水泵就能自动运行。开机后，有一定落差的水通过动力水管（进水管）经打开的排水阀向外流出，当排水阀内侧的压力增加至大于排水阀磁隙弹簧压力时，流动着的水就推动排水阀迅速关闭，即发生水锤现象，此时泵体内的水压力急剧上升，迫使输水阀开，部分水被压入缓冲筒。排水阀内侧压力迅速下降，排水阀在磁隙弹簧和负压作用下重新打开，输水阀在自身重量、磁隙弹簧压力及缓冲筒空气室内水压力的作用下重新关闭。在水流的作用下，上述动作周而复始地自动运行。当缓冲筒内的水压强增加到大于扬水管内的压力时，水就从出水口流出来。水锤泵结构如图6-1所示。

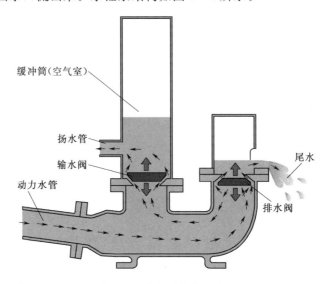

缓冲筒(空气室)

扬水管

输水阀

动力水管

尾水

排水阀

图6-1 水锤泵结构示意图

目前研发生产的水锤泵均属于中、低扬程（30m扬程以下）、小流量（小于20m³/d）的泵型，由于水锤泵提水流量偏小，难以适应大流量要求。为适应山坡地高效节水灌溉区域地形高差大、扬程高和规模化发展高效节水灌溉面积大、流量大的灌溉需要，研发出了中高扬程（大于40m扬程）大流量（大于100m³/d）水锤泵。

6.1.2 中高扬程大流量新型水锤泵结构原理及技术创新点

6.1.2.1 结构特征

中高扬程大流量新型水锤泵，是在小型单一排水阀和单一扬水阀水锤泵的基础上研发的由多个排水阀和进水阀同步联动工作的一种新型水动能提水设备。

中高扬程大流量水锤泵结构如图6-2所示，由水源总管、正向磁力泵、反向磁力泵和蓄压筒组成，正向磁力泵和反向磁力泵下端的进水端分别与水源总管的两个接口连接，反向磁力泵的上端与蓄压筒的下端连接。

正向磁力泵包括外壳、滑动轴、轴套、开关板、开关座（类似于阀门的阀座）、永磁弹簧阀（动磁铁和定磁铁），在圆筒形的外壳的底端安装开关座，在开关座的上面连接通过至少3根支杆连接与外壳同轴的轴套，滑动轴滑动安装在该轴套内，该滑动轴的下端与位于开关座下面的开关板连接，在该滑动轴的上端装有动磁铁。磁力泵外壳的顶端中央设有调节螺孔和螺栓，在该螺栓的下端安装定

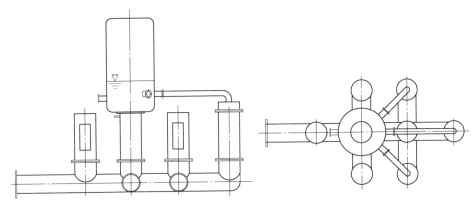

图 6-2 中高扬程大流量水锤泵结构示意图

磁铁,该定磁铁与该动磁铁磁性相斥;在外壳的圆周面设有出水口,在该动磁铁与轴套之间的滑动轴上装有定位盘。

反向磁力泵与正向磁力泵反向安装,除了出水口设在上端和在下端设有进水口外,其他构造与所述的正向磁力泵相同。

在水源总管末端设有 8 个接口,其中 4 个等间隔地设在水源总管上,在对应于中部 4 个接口的两侧各通过一水源支管连接另外 4 个接口,在中部的 2 个接口中左侧的一个接口(称为中央接口)上安装反向磁力泵,在与该中央接口邻近的 4 个接口上安装正向磁力泵,其余 3 个接口均安装反向磁力泵,这 3 个反向磁力泵的顶端设有顶盖,顶盖中央的出水口通过水管与蓄压筒的下部侧面的进水接口连接。

6.1.2.2 工作原理

中高扬程大流量新型水锤泵的工作原理是在接通水源的一刻,正向磁力泵的开关板关闭,反向磁力泵的开关板开启,水源依靠自身压力进入蓄压筒内;由于正向磁力泵内的定磁铁与动磁铁接近,在相斥磁力的作用下将动磁铁向下推动,打开开关板,水源从正向磁力泵的出水口流出,使水源压力降低;由于水源压力降低,反向磁力泵内的开关板在蓄压筒内水的压力作用下向下移动并关闭,使水源压力升高;水源压力的升高又推动正向磁力泵的开关板关闭,重复以上的工作过程,如此往复运行,使得蓄压筒内水的压力不断升高,压入其内的水被压入很高的地方(从出水口连接水管引到高处用水的地方)。蓄压筒在工作时上部大约 2/3 的空间为空气,利用空气的压缩弹性为反向磁力泵内的开关板的运动提供必要的条件。蓄压筒内的压力升高需要一个积蓄过程,就好像用打气筒打气一样,用一定的力量反复打气多次,即可使车胎内的压力逐渐升高。

同时,四个正向磁力泵和四个反向磁力泵的布局能够使得四对泵的配合更加均匀协调,成分发挥各泵的通过能力,增加扬程和抽水流量。

6.1.2.3 技术创新点

高扬程大流量新型水锤泵具有两个方面创新性技术：

（1）充分发挥"水锤效应"中的正水锤达到最优转化率。"水锤效应"是指在水管内部，管内壁光滑，水流动自如。当打开的阀门突然关闭，水流对阀门及管壁，主要是阀门会产生一个压力。由于管壁光滑，后续水流在惯性的作用下，迅速达到最大，并产生破坏作用的压力，这就是水利学当中的"水锤效应"，也就是正水锤。理论上水锤泵效率可达86%，但在研发的较大流量的中高扬程多阀中大型水锤泵中，泵体设计3～5个排水阀（正泵阀），通过技术革新，使得多阀同步工作尽可能一致性，压力叠加效应最优，水锤压力转化率最优，以提高泵体工作压力（增高扬程）和增加泵水流量。

（2）对排水阀、输水阀工作弹簧进行技术革新，就是采用磁力弹簧驱动排水阀、输水阀代替传统螺旋钢弹簧驱动，这种磁铁弹簧避免了传统螺旋钢弹簧结构容易锈蚀和疲劳的缺点，在水锤泵生命周期内磁力永不衰减、不易损、寿命长、安装简单、使用方便。

6.1.3 水锤泵扬水量的计算

水锤泵扬水流量的大小取决于多种因素，比如水源落差、来水保证量、动力水管与水平线夹角的大小、扬程等因素。落差越大，扬程越小，提水量就会越多。一般来说，水锤泵扬水量按下式计算：

$$扬水量（q）=过机流量（Q）\times 水源落差（h）\times 水锤泵效率（\eta）$$
$$\div （实际扬程＋水头损失）（h）$$

即：
$$扬水量=（耗水量\times 工作落差\times 60\%）\div 扬程$$

水源落差（h）由工程实际情况确定，过机流量（Q）查阅厂家样品手册确定，（实际扬程＋水头损失）一般由设计人员根据工程实际计算确定，水锤泵效率 η 一般取60%进行计算水锤泵扬水量。水锤泵工作性能参数见表6-1，水锤泵站选型设计可参考表6-1进行选择，以判断水锤泵是否满足项目需要。

表6-1　　　　　　　　　　　水锤泵工作性能参数表

项目名称	单位	各 项 参 数						
适用水头	m	1.5	2.0	2.5	3.0	3.5	4.0	7.5
过机流量	m³/s	0.040	0.044	0.049	0.053	0.057	0.061	0.097
5m扬程扬水量	m³/h	26.10	38.40	52.50	68.40	86.10	105.60	315.00
10m扬程扬水量	m³/h	13.05	19.20	26.25	34.20	43.05	52.80	157.50
15m扬程扬水量	m³/h	8.70	12.80	17.50	22.80	28.70	35.20	105.00
20m扬程扬水量	m³/h	6.53	9.60	13.13	17.10	21.53	26.40	78.75
25m扬程扬水量	m³/h	5.22	7.68	10.50	13.68	17.22	21.12	63.00

续表

项目名称	单位	各 项 参 数						
适用水头	m	1.5	2.0	2.5	3.0	3.5	4.0	7.5
30m 扬程扬水量	m³/h	4.35	6.40	8.75	11.40	14.35	17.60	52.50
35m 扬程扬水量	m³/h	3.73	5.49	7.50	9.77	12.30	15.09	45.00
40m 扬程扬水量	m³/h	3.26	4.80	6.56	8.55	10.76	13.20	39.38
45m 扬程扬水量	m³/h	2.90	4.27	5.83	7.60	9.57	11.73	35.00
50m 扬程扬水量	m³/h	2.61	3.84	5.25	6.84	8.61	10.56	31.50
55m 扬程扬水量	m³/h	2.37	3.49	4.77	6.22	7.83	9.60	28.64
60m 扬程扬水量	m³/h	2.18	3.20	4.38	5.70	7.18	8.80	26.25
65m 扬程扬水量	m³/h	2.01	2.95	4.04	5.26	6.62	8.12	24.23
70m 扬程扬水量	m³/h	1.86	2.74	3.75	4.89	6.15	7.54	22.50
75m 扬程扬水量	m³/h	1.74	2.56	3.50	4.56	5.74	7.04	21.00
80m 扬程扬水量	m³/h	1.63	2.40	3.28	4.28	5.38	6.60	19.69
85m 扬程扬水量	m³/h	1.54	2.26	3.09	4.02	5.06	6.21	18.53
90m 扬程扬水量	m³/h	1.45	2.13	2.92	3.80	4.78	5.87	17.50
95m 扬程扬水量	m³/h	1.37	2.02	2.76	3.60	4.53	5.56	16.58
100m 扬程扬水量	m³/h	1.31	1.92	2.63	3.42	4.31	5.28	15.75

注 本表是在 DK-Z840-8 机器试验数据基础上整理的表格,水锤泵效率取 0.6。

6.2 水锤泵站选址原则和布局要求

6.2.1 水锤泵站典型布置系统

水锤泵站典型布置系统如图 6-3 所示。

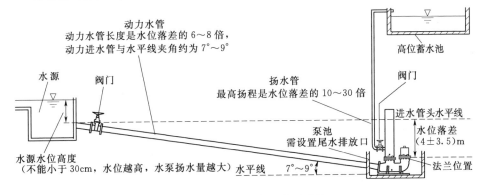

图 6-3 水锤泵站典型布置系统

91

6.2.2 水锤泵站选址和安装条件

（1）水锤泵站安装选址对以后水锤泵能否正常工作有重要意义，选址时要注意以下3个问题：

1）水头水资源充足，最好长年有流水，并能满足水量要求；水量一般要求大于 $0.1m^3/s$，具体见各生产厂家的水锤泵工作性能参数。

2）有一定落差的溪流、水库大坝外侧或引渠人造落差（落差范围 $0.30\sim7.50m$ 均可）。

3）选址时避开容易受到山洪威胁的位置，以免因山洪损坏泵站设施。

（2）水锤泵典型安装位置如图 6-4～图 6-6 所示，选址时可供参考如下原则：

1）河流、水库或池塘：溢流坝或水坝附近有足够的落差，水泵可以直接安装在靠近溢流坝的下游位置，如图 6-4 所示。

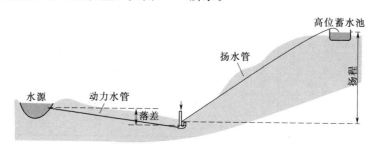

图 6-4　水锤泵典型安装位置示意图 1

2）河流、水库或池塘：溢流坝或水坝附近的水位落差比较小，不能满足水锤泵安装要求，或者水锤泵必须安装在远离溢流坝的某个固定位置，这时可以在水锤泵与溢流坝中间靠近水锤泵的位置设置一个动力水池，让上游的水先通过供水管进入动力水池（动力水池的水位和上游供水管位置的水位相同），再由动力水池给水锤泵供水，如图 6-5 所示。

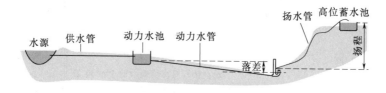

图 6-5　水锤泵典型安装位置示意图 2

3）河流或池塘：溢流坝或水坝附近的水位落差比较小，不能满足水锤泵安装要求，如果为了获取更大的落差不得不把水锤泵安装在离上游水源稍远的位置，这时可以在水源和水锤泵中间安装两段不同类型的管路，一段是供水管，一段是动力水管，在供水管和动力水管中间用一个 T 形装置来连接一个立管，从某种程度上来说，安装立管的目的是使水源更靠近水泵，为动力水管提供足够的落差和足够高的水位。为了取得良好的水锤效果，供水管和动力水管应该在一条直线上；为了保证动力水管有足够的供水量，供水管的直径必须比动力水管的直径大一些；立管可以是顶部敞开的塑料管或者钢管，立管的直径至少比动力水管大 5cm，为了防止水从立管顶部溢出，立管的顶部要比水平面高出 10cm，如图 6-6 所示。

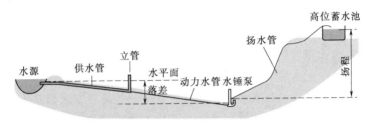

图 6-6　水锤泵典型安装位置示意图 3

立管方式选址和安装注意事项：①供水管和动力水管应该在一条直线上；②供水管的直径必须比动力水管的直径大。

6.2.3　水锤泵站规划布置要求

6.2.3.1　动力水池（水源）工程布置

（1）自然条件比较好的应用场所，动力水池可以省略不建。

（2）动力水池动力水管以上位置的容积越大越好（保证足够流量），容积越大，水位越稳定，扬水流量也越稳定。

（3）动力水池的水位至少要保证比动力水管管口顶高 30cm，以避免动力水管管口位置形成漩涡导致空气进入动力水管；动力水池水位（蓄水池液面到动力水管管口高差）越高，水泵的出水效率越高。

（4）如数台泵并联安装，注意校核来水流量满足水锤泵用水。

（5）动力水池需设置溢流口，用于保证动力水池水位稳定，过多的水由此排出。

（6）动力水池入水口必须安装拦污栅，以防杂草、树叶等异物冲进水泵影响水泵阀板的开关而导致水泵无法正常工作。

（7）如果河流泥沙较多，水泵运行过程中橡胶阀门关闭时流过的泥沙会对橡胶阀门造成较大伤害而缩减橡胶阀门的使用寿命，为避免这种情况发生，需要设置两级动力水池。第一级为沉积池，用于沉积泥沙；第二级为净水池，用于储存和向动力水管提供无杂物净水。在沉积池和净水池之间设置稳流口，保证沉积池内的水稳定的流入净水池。

（8）为防止地面上的杂物进入动力水池，可以在水池上加一个盖板作为防护。

6.2.3.2　动力水管（进水管）

（1）动力水管管口应保证最小淹没深度 30cm，避免空气进入动力水管，影响水锤效果。动力水管管口底部离前池底板宜 15cm，避免池底沉积泥沙进入动力水管，危害水锤泵运行。

（2）动力水管优先选用耐压无缝钢管，根据泵站所在扬程范围，可选择承压 0.6MPa、1.0MPa、1.6MPa、2.5MPa 的钢管作为动力水管，达到满足安全承压要求。

（3）动力水管靠近动力水池一端距离动力水池 50cm 左右距离位置可安装阀门，用于启动和停止水泵工作；但是当动力水管管径不小于 ϕ200mm 时，可以考虑不安装，因其价格贵，且安装操作不方便，用一些简易方法截断水流，水锤泵自然停止工作，开通水流，水锤泵又开始工作。所以动力水管上的阀门不是十分必要，可装可不装。

（4）动力水管可以采用地埋或架空两种方式来安装。采用地埋方式时，先开掘埋设动力水管的沟道，将动力水管放入沟道后用砂填埋再盖土夯实固定。若因地形限制，动力水管只能悬空安装，此时需要每隔 3～4m 筑一个水泥防震墩或者金属结构（支撑）固定管道。

（5）多段动力水管之间通过法兰或快速接头连接。其中紧靠泵体的连接管法兰，法兰与连接管之间的焊接角度需要和泵体进水口法兰角度吻合。

（6）采用法兰连接管道时，要求法兰、垫圈必须对中，严防垫圈错位造成连接处管道口径变化形成阻隔。

（7）动力水管长度应为落差的 6～8 倍，$L=h\times(6\sim8)$，例如 4m 落差，管长应为 24～32m，扬程越高，取的倍数要越大。动力水池和水锤泵之间的动力水管安装要直，不允许弯曲，斜度为 8∶1（动力水管与水平线夹角为 7°左右）。

（8）动力水管接头部位不允许有泄露现象。若气泡进入动力水管，会减小水锤压力，导致水泵的提水效率降低，甚至导致水泵停止工作。

（9）动力水管进口必须安装不锈钢过滤网或 1～2m 长网孔管（孔径 2～2.5mm），以防异物或喜水动物进入动力水管。

6.2.3.3　泵体、泵池

（1）水泵安装在坚固的混凝土基础上，并用地脚螺栓牢固固定。

（2）泵体位置可以砌泵池或泵房以保护水泵。

6.2.3.4　扬水管路

（1）泵的扬水管上要安装控制阀门，用于水泵的启动控制，同时可以防止水泵停止工作时扬水管里的水倒流回水泵里。

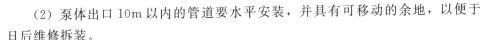

（2）泵体出口10m以内的管道要水平安装，并具有可移动的余地，以便于日后维修拆装。

（3）扬水管路要按照扬程的1.2～2倍做相应压力等级的供水管道要求铺设。如：50m扬程时，可以采用耐压0.6MPa的管材。100m扬程时，下半段采用1.6MPa的管材，上半段采用0.6MPa的管材。

（4）扬水管应尽量减少弯头和避免直角转弯，以避免阻力增大而减少流量。

（5）扬水管连接部位不应有泄露现象。

6.2.3.5 高位蓄水池

根据水锤泵工作特点，考虑在不同扬程分级设高位蓄水池（水锤泵站分级提水示意图如图6-7所示）。一般来说，下级站较上级站的控制面积小，这也符合水泵随扬程增大，扬水量逐渐减少的特点，从而达到优化水资源配置的目的。

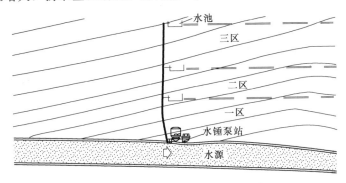

图6-7　水锤泵站分级提水示意图

6.3 典型工程布置

6.3.1 姑豆水锤泵站布置

姑豆水锤泵站位于扶绥县岜盆乡原姑豆水轮泵站位置，该水轮泵站建于20世纪80年代，安装有一台水轮泵提水，提水高度为3.0m，以漫灌形式就近灌溉约100亩耕地。该泵站附近有大于700亩连片糖料蔗靠水轮泵提水无法灌溉，根据项目工程现状，初步选址位于原有工程位置，提水工程在原有基础上进行扩建、改建。其中，拦河取水还是利用原拦河陂坝，只是在原拦河陂坝基础上进行稍作加固；在右岸原水轮泵进水渠右侧新建水锤泵进水口、进水渠、前池、水锤泵室，在进水口布置一道拦污栅和一道闸门，闸门为铸铁闸，手动螺杆启闭；水锤泵安装于拦河陂坝右岸下游侧约15m处水锤泵室，泵室建一段约15m防洪墙保护水锤泵；高位蓄水池布置右岸一座山坡上，池底高程为103.00m，蓄水池初步设计容量为200m³，封闭式钢筋混凝土结构；水锤泵出水至高位蓄水池通过

DN150mm 镀锌钢管相连，以地埋形式布置。姑豆水锤泵站布置如图 6-8 所示。

图 6-8 姑豆水锤泵站布置位置示意图

姑豆水锤泵站的实际边界条件是：进水前池（上游）水位变动 0.7m（运行最高水位－运行最低水位），工作水头落差 2.2～1.5m；引水渠设计过流流量为 800m³/h，进水管长度 12.8m，进水管为 DN350mm 镀锌钢管，进水管设计进水流量 260m³/h，扬水管为 DN150 镀锌钢管，长度 380m，设计提水高度 34.4m，设计扬水量 8.0m³/h（单机），为满足灌区扬水条件和灌溉用水量，选用 2 台水锤泵。

项目灌片范围 700 亩的糖料蔗种植区，采用微喷灌的灌溉方式，从高位蓄水池引水至微喷灌系统首部，干管采用 $\phi160$PVC 及 $\phi110$PVC 埋管，支管采用 $\phi90$PVC 和 $\phi63$PVC 埋管，微喷灌毛管采用一管 4 行模式，间距 3.6m。

6.3.2 弄龙水锤泵站布置

弄龙水锤泵站位于大新县恩城乡原弄龙水轮泵站，该水轮泵站建于 20 世纪 70 年代，安装有一台水轮泵提水，提水高度为 3.0m，以漫灌形式就近灌溉约 120 亩，后来更新水轮泵主机，同时增加一道引水进口，原引水道废弃。该泵站附近有约 500 亩连片糖料蔗靠水轮泵提水无法灌溉，根据项目工程现状，初步选址位于原有工程位置，提水工程在原有基础上进行扩建、改建。其中，拦河取水还是利用原拦河陂坝，只是在原拦河陂坝基础上进行稍作加固，加固方法主要是局部修补及对漏水严重之处进行灌浆处理；进水口在原废弃引水道处重建，新建进水闸、沉砂池、泄水闸、引水道；水锤泵安装于拦河陂坝左岸下游侧约 15m 处，建一段防洪墙保护水锤泵；高位蓄水池布置左岸一座山坡上，池底高程为 208.00m，蓄水池初步设计有效容量为 50m³，封闭式钢筋混凝土结构；水锤泵出水至高位蓄水池通过 DN100 镀锌钢管相连，以地埋形式布置。弄龙水锤泵站布置如图 6-9 所示。

泵站主要配置有：安装水锤泵 2 台，水锤泵进水管公称直径 DN300，材料

图 6-9 弄龙水锤泵站布置位置示意图

为铸铁管，每一台水锤泵进水管长度为 10m；进水管进口处设截止阀 DN300，水锤泵扬水管公称直径为 DN100，材料为镀锌钢管，长度约 550m；在靠近水锤泵位置的扬水管设一截止阀 DN150。

项目灌片范围 500 亩的糖料蔗种植区，灌溉方式为滴灌，从高位蓄水池引水至滴灌系统首部，干管采用 ϕ160PVC 及 ϕ110PVC 埋管，支管采用 ϕ90PVC 和 ϕ63PVC 埋管，滴灌毛管采用 ϕ16PE 滴灌带（内镶式），表面铺设。

6.4 效益分析与应用建议

6.4.1 效益分析

2014 年底，姑豆水锤泵站第一台机组完成安装，并试运行；2015 年 2 月，第二台机组安装完成，新型水锤泵试点应用进入正式运行阶段。2 台新型水锤泵设计提水 17.2m³/h，实测平均提水 16.0m³/h，高位蓄水池容量 200m³，按提蓄结合，可满足 620~700 亩糖料蔗灌溉用水。而以往无灌溉水利设施情况下，由于年降雨时段早于糖料蔗伸长期，项目区内糖料蔗丰水年平均亩产约 5.2t，平水年平均亩产约 3.8t，枯水年平均亩产小于 3t。2015 年，项目区集中进行灌溉管理，水锤泵提蓄水发挥功能，基本满足糖料蔗生长灌水要求，生长良好，对比测算亩产达到 6.5~7.5t，同时品质也有所提高，与靠天然降雨灌溉相比，亩产提高约 35%，按 400 元/t 售价折算每亩增加效益 800~1000 元。另外，通过项目区 2015 年糖料蔗种植区套种旱作物西瓜每亩产量约 1.5t，可增加产值 1200 元/亩。

通过试点应用估算，提蓄结合高效节水灌溉较常规传统灌溉节水约 30%，同时通过滴灌系统施肥，减少化肥用量，降低种植成本，同时提供品质和产量，增加了糖料蔗种植效益。

6.4.2 水锤泵与水轮泵性能应用对比

根据查证获得的资料统计，对水轮泵和水锤泵性能和运用进行对比，其相同点：水轮泵和水锤泵均不耗油、不耗电，只要有一定落差、满足运行流量的地方均可安装水轮泵和水锤泵；两种泵型适用水源水头基本相同，1~5m；效率基本相同，45％～70％。不同点：水轮泵和水锤泵工作原理不同，水轮泵适应扬程范围较小，而水锤泵的扬程范围较广为4～100m。在这个方面，水锤泵比水轮泵具有优势。电泵、水轮泵和水锤泵应用对比见表6-2。

表6-2　　　　　　　　　电泵、水轮泵、水锤泵应用对比表

对比项目	电　泵	水　轮　泵	水　锤　泵
前期投入费用	相对较大，主要泵房、配送电投入较大	较少，主要拦河坝、泵室、机体投入较大	中等，主要拦河坝、机体投入较大
适应性	要求水源水充足，供电保障，按需水量装机，高扬程，适用漫灌、节水灌溉	水源有大于1m落差，有足够流量，耗水量大，低扬程，适用漫灌	水源有大于0.5m落差，有稳定流量，耗水量少，高扬程，适用喷灌、微灌
日常使用费、维护费	电费及运行工资，年维护费是购泵成本的2/3	日常使用费低，年维护费为购泵成本的1/15	日常使用费很低，年维护费100元左右
使用寿命	连续运转寿命：平均3年	连续运转寿命：平均15年	连续运转寿命：至少30年
节能和生态效益	耗电，消耗不可再生能源，间接污染	利用较多水资源，高效节能，环保	利用较少水资源，高效节能，环保

6.4.3 应用建议

水锤泵是一种不耗电（常规电能）、不耗油（常规汽柴油）、不污染环境的经济实用的提水装置，自动提水，全天候运行，扬程高，管理简单，投资省，使用寿命很长，可使用30年左右，平时维护费用省，水锤泵安装简单、使用方便，用户可自我维护管理。

水锤泵是水力资源开发的一条新途径，水能的开发与利用，在同一机具上同时实现，不必进行能源输送变换，就地开发、就地利用。节能特点突出，是丘陵山区利用水力资源的一种方法。通过示范应用，建议在推广应用中应注意以下几个问题：

（1）注重选址，根据水锤泵的工作原理和运行特性，选址要正确合理。为充分发挥水锤泵利用价值，尽可能将泵安装在常年有水，且水流量较为稳定的河流、溪流里，以增加系统的年利用时数。

（2）在水锤泵基础理论和小型水锤泵工作原理的基础上开发的山坡地中高扬程大流量新型水锤泵，工作效率达到50％～65％（设计理论值为82.5％～25％），最高扬程达到80m（设计扬程为2～30倍的水头落差）。

（3）水锤泵提水的一次性投入高于电网交流电提水，但后期自动运行，无须专人管理，而常规能源提水需要专人进行管护、运行，且耗电，综合而言，水锤泵提水的成本水价低于电网交流电提水。因此，在建设初期，如果能够得到政府支持或安排专项项目资金那么水锤泵提水技术就能在节水灌溉、山区人畜饮水领域得到推广应用。

7 灌溉自动化控制系统与应用

在山丘区开展高效节水灌溉，耕地高低不平，规模化面积大，一般采取轮灌方式，如仍采用人工轮灌操作，成本高、劳动强度大，为改善生产条件并降低劳动力成本，针对山丘区规模化发展高效节水灌溉，研发出了灌溉自动化控制系统，进一步推动节水农业、智慧农业发展。

该系统是集成自动化控制系统、互联网技术、云计算平台技术等技术的智能化的灌溉控制系统，通过实时监测及远程召测土壤含水量等特性参数，计算分析糖料蔗的需水量和养分需求量，制定灌溉制度、施肥制度以及水肥优化配置，系统智能化水平高，可实现远程自动监控和系统软件远程在线升级；系统采用两线制及先进的编码和解码器技术，防雷性能卓越、稳定可靠、集成度高、易于扩展，可控制 700 多个电磁阀、连接上百个各类传感器。可对田间气象、土壤墒情、管道流量压力、肥液 EC 与 pH 值等各类要素进行全覆盖采集。

7.1 灌溉自动化控制系统简介

7.1.1 系统通信网络结构概述

智能灌溉管控系统由安装在泵房内的灌溉控制器与田间的解码器和电磁阀组成。控制器通过一条双芯信号线与田间的电磁阀及解码器相连接组成控制网络，如图 7-1 所示。

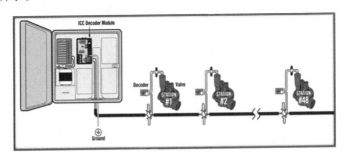

图 7-1 灌溉控制器与田间的解码器和电磁阀布线示意图

解码器是两线控制系统的最重要部件之一，它是一个带微处理器的控制单元，既可传输、反馈电信号，也可传输、反馈数字信号。

解码器有不同站数，通常有 1、2、4、6 等不同站。在本系统中，每个解码器预设有 1 或 2 个地址，上游的控制器内的解码器编辑模块通过这一地址来识别解码器。上游控制器发送一个指令来激活某一地址，所有系统内的解码器都将解码这一指令，但只有与指令相对应的解码器会做出反应并开启和关闭相对应的电磁阀。同时解码器会将状态信号传回上游模块，可以告知灌溉管理员阀门的状态。

两线解码器控制系统采用无线传输，减少了大量线缆的使用开支和相应的挖沟、铺设工作，使配线更为简单，便于修理维护，方便了今后的区域扩展。

7.1.2 灌溉控制器硬件构成与功能

现场智能控制器设置在泵房或者控制室等室内，控制器作为系统核心，是控制策略和数据存储、展示的平台。控制器发出灌溉指令，控制电磁阀的开关，同时可以进行对灌溉系统运行参数，包括管网压力、流量以及田间土壤墒情等数据采集、存储和展示。

现场灌溉控制器箱体内模块包括 CPU 模块、编码器模块（BT2）、变压器、24V 开关电源、路由器、ACC - COM 转换器。田间两线系统由总线、解码器及压力墒情流量传感器组成（图 7 - 2）。

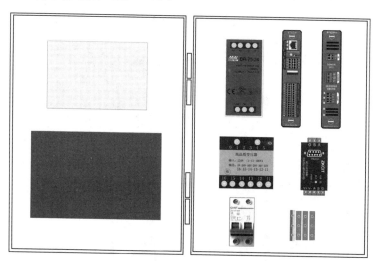

图 7 - 2　田间灌溉控制器各内部组件分布图

7.1.3 灌溉自动化控制系统软件功能

智能管控系统的灌溉控制器内部带有 Web Server 功能，用户可以用手机、电脑或任何具有上网功能的设备，通过 Google 或 Firefox 浏览器，输入控制器的 IP 地址，即可访问灌溉控制器页面，通过点击页面上不同的选项卡进行灌溉的控制，以及灌溉数据、墒情、流量、压力等数据的浏览，如图 7 - 3 所示。

图 7-3　智能灌溉控制系统

（1）水肥一体化智能管控系统主界面。通过电脑或 iPad 等智能终端，输入局域网 IP 地址，按回车键，即可访问灌溉控制器的主界面，如图 7-4 所示。

图 7-4　智能灌溉控制系统主界面

（2）灌溉控制界面。在灌溉控制界面，用户可以按轮灌组进行自动轮灌，也可以通过手动补水功能，对某个阀门进行针对性的灌溉，如图 7-5 所示。

图 7-5　智能灌溉控制系统灌溉控制界面

101

　　此外，用户可以通过状态界面查询当前田间各个阀门的状态，以及各个传感器当前的数值，如图 7-6 所示。使用户能够足不出户，即可准确掌握系统的运行状况。

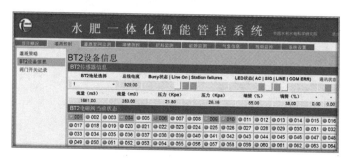

图 7-6　智能灌溉控制系统设备信息界面

　　（3）阀门开关记录查询。通过阀门开关记录查询功能，用户输入起止时间，即可查询阀门的开关记录，如图 7-7 所示。此外，对于运行有异常的阀门，系统会自动进行记录，方便管理员进行检修、维护。

图 7-7　智能灌溉控制系统阀门开关记录界面

　　（4）灌溉管网监测。在灌溉管网监测界面（图 7-8），用户输入起止时间，

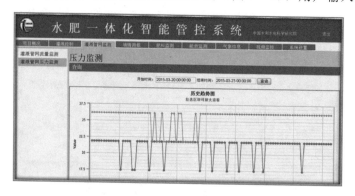

图 7-8　智能灌溉控制系统管网压力监测界面

可生成管网的压力、流量随时间的变化曲线，使灌溉管理员能够掌握灌溉管网的历史运行情况。

（5）监测墒情测报。在墒情监测界面（图7-9），用户输入起止时间，可生成土壤墒情随时间的变化曲线，使灌溉管理员能够掌握土壤墒情的变化情况，对灌溉制度的制定作为参考依据。另外，管理员可适设置土壤墒情的上下限值，当土壤墒情低于灌水下限时，灌溉控制器可以自动通过短信或邮件的方式，发送报警信息给灌溉管理员，提醒开启灌溉系统。

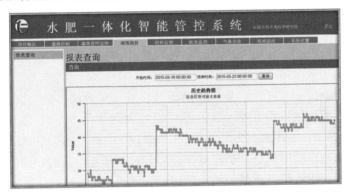

图7-9 智能灌溉控制系统土壤墒情监测界面

（6）肥料监测。水肥一体化技术是将灌溉与施肥融为一体的农业新技术。水肥一体化是借助压力灌溉系统，将可溶性固体肥料或液体肥料配兑而成的肥液与灌溉水一起，均匀、准确地输送到作物根部土壤。在本系统的肥料监测页面进行设置（图7-10），即可进行水肥同步的肥水灌溉。用户可以在1~8路吸肥通道中进行选取和配置，以及肥料溶液的 E_c、pH值的设定，控制施肥机根据设定值进行自动配肥，并由管道系统输送至制动的轮灌组。

图7-10 智能灌溉控制系统肥料监测界面

（7）能效监测及气象监测功能。此外，控制器支持modbus通信协议，可以多功能电表进行连接，对灌溉系统的用电量进行统计及能效分析。也可根据用户需要，接入视频监控系统，监测作物的长势。也可接入自动气象站，根据气象数据，基于 Penman 公式，计算作物的腾发量，进行全自动闭环控制灌溉。

7.2 灌溉自动化控制系统典型应用

7.2.1 江州区灌溉试验区自动化灌溉工程

7.2.1.1 灌溉试验区自动化灌溉工程概况

崇左市江州区灌溉试验区自动化灌溉工程位于江州区公益片区。该片区的主要水源为左江，在左江边修复一座圆筒式泵站，安装 2 台水泵将水提至高位水池（半埋式混凝土水池，容积 1500m³），在水池边修建田间加压泵站，输水灌溉蔗地。

试验区灌溉面积 350 亩，分地表滴灌区、地埋滴灌区、微喷灌区、喷灌区、低压管灌区和无灌溉区等 6 个小区。其中，地表滴灌区 83 亩、地埋滴灌区 147 亩、微喷灌区 40 亩、喷灌区 50 亩、低压管灌区 20 亩、无灌溉区 10 亩。

江州区 350 亩灌溉试验区的灌溉采用一台控制器进行控制，控制器安装在控制室内，通过两线解码器系统，控制试验区内的 69 只电磁阀。糖料蔗灌溉智能化工程的控制室、田间电磁阀及管道安装情况如图 7-11 和图 7-12 所示。

图 7-11 智能灌溉控制器现场　　　　　　图 7-12 田间电磁阀和解码器的现场

7.2.1.2 智能灌溉系统运行情况

江州灌溉试验区内地表滴灌 83 亩，分为 4 个轮灌组运行，地埋滴灌 147 亩，分为 8 个轮灌组运行，微喷灌区 40 亩，分为 4 个轮灌组运行，低压管灌区 20 亩，分为 2 个轮灌组运行，喷灌区 50 亩，共布设 35 个喷头，每个喷头在额定压力下的流量为 2.97m³/h，分 4 个轮灌组。同时，在系统运行期间，为进行随水施肥，在每个轮灌组电磁阀出水口处采用鞍座、外丝倒刺直通与施肥罐连接，通过蝶阀控制实现各个轮灌组的水肥一体化作业。

自动化灌溉系统自建 2014 年 4 月建成后，一直采用自动按时轮灌的方式运行，运行情况良好。

7.2.2 大化县红水河现代农业示范区自动化灌溉工程

大化县红水河现代农业示范区位于大化镇龙马村，距离县城 10km，灌溉面积 1404 亩，水源为九娘河。通过九娘河边的虎头抽水泵站及在项目区的二级加压泵站，由河边泵站抽水后至加压泵站，进入首部枢纽，经过滤处理后通过管道输送至项目区各级管网，以滴灌、微喷灌和高喷的形式对丝瓜及四季柠檬进行灌溉。其中，滴灌区面积为 1002 亩，设单独供水管道；微喷区总共 23 亩，其中露天微喷区面积 20 亩、大棚微喷区面积 3 亩，在主管上接水铺设供水管网；高喷区面积 30 亩，在原主管上接水铺设供水管网。

示范区共分为 13 个灌水系统，每个灌水系统的灌溉面积为 108 亩。每个灌水系统分为 9 个轮灌小区，每个轮灌小区灌溉面积为 12 亩，配套智能水肥一体化灌溉系统和自动化监控设备。

7.2.2.1 中央控制软件系统与设备

智能水肥一体化灌溉系统可以对灌溉枢纽的供水、配肥和水肥过滤过程进行综合调控。系统使用互联网技术进行业务操作交互，通过物联网技术控制各类阀门、传感器并收集信息，再运用数据挖掘技术对收集信息进行分析，从而提供科学的水肥方案。

智能灌溉系统包括中枢控制器、PC 管理系统端、Web 及移动 APP 业务客户端、GIS 地理信息管理模块等。

PC 管理系统端可以和挂墙 LED 无缝拼接显示屏 1.65m×3.14m（P10）连接，进行可视化操作，完成一系列的灌溉指令，如图 7-13 和图 7-14 所示。显

图 7-13 LED 显示屏效果图

图 7-14 智能化灌溉操作界面

示屏下布设操作台，操作台专门设置中枢控制器（电脑），对所有使用的阀门、传感器等设备进行控制。显示屏分屏显示智能化灌溉操作界面、喷灌、微喷灌、滴灌等实时工作场景。

Web 及移动 APP 业务客户端可以远程对灌溉系统进行操作。Web 客户端可以在PC、平板上进行业务操作，APP 业务客户端集成在微信中，可以离开中控室，在田间或者任何能连接网络的地域进行灌溉操控、查看种植地实时信息、气象信息等。

7.2.2.2 施肥控制设备

配备肥料桶 4 个（2m³ 容量，带搅拌机），4 个 2 英寸叠片过滤器（PP 材质、130μm 过滤精度），首端配套注肥器 3 套（3/4 英寸文丘里施肥器，两头阴螺纹接口），同时配套一台不锈钢施肥泵（流量 4m³/h，扬程 30m），实现水肥药一体化。水肥药一体化是借助压力系统，将可溶性固体、液体肥料及农药，按土壤养分含量和作物种类的需肥需药规律和特点，配兑成的肥液或药物与灌溉水一起，通过可控管道系统供水、供肥、施药，使水肥药相融后，通过管道和滴头形成滴灌、均匀、定时、定量，浸润作物根系发育生长区域或喷洒到作物表面，实现主要根系土壤始终保持疏松和适宜的含水量和对虫害的防治，同时根据不同作物的需肥、需药特点，土壤环境、养分含量状况和作物的病害情况，进行不同生育期的需求设计，把水分、养分和药物定时、定量按比例直接提供给作物。

7.2.2.3 田间灌溉控制设备

电磁调压控制阀、田间无线控制终端。每根辅管配套 1 个 2 英寸电磁调压控制阀（带调压装置、24VDC 电磁头），内镶式压力调节器可手动调式压力，使用寿命长。滴灌电磁阀流量 10～15m³/h，喷灌电磁阀 10～18m³/h，微喷灌电磁阀 19～25m³/h，阀门安装于阀井中。阀门前端安装综合型吸排气阀，由底座、阀体、浮球、密封圈、O 形圈组成，材质为玻璃纤维增强聚酰胺，既可大量吸排气，又可微量吸排气，防止管道产生负压并消除管道水锤现象及空气积累对水产生的阻力；阀门后端安装真空破坏阀，由底座、阀体、浮球、密封圈、O 形圈组成，材质为玻璃纤维增强聚酰胺，用于支管道吸排气，防止管道产生负压。

田间无线控制终端，主要由 95mm×65mm 太阳能板、3.7V/2000mA·h 蓄电池、解码器（图 7-15）、脉冲电流输出器组成，可无线传输信号控制电磁调压控制阀（图 7-16）的开关。

7.2.2.4 现场监测监控设备

配套小型气象站 1 套（自动传输数据），土壤墒情监测器 3 套，数据实时传输到智能化灌溉系统，为水肥一体化决策提供数据。

（1）自动气象站。气象站包括了太阳能板、蓄电池、数据采集器、风速传感器、风向传感器、大气温度传感器、大气湿度传感器、雨量传感器、温度传感器等（图 7-17），采用了模块化组合，数据采集系统可自动识别新加入的传感器，因而可根据用户的要求，灵活组合各类传感器及土壤墒情采集终端。

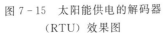

图 7-15　太阳能供电的解码器
（RTU）效果图

图 7-16　电磁阀效果图

整套系统具有全自动气象数据采集、存储、处理和传送功能。输出的界面灵活生动，当达到危险阈值时可自动进行报警，从而很容易地分辨出危险情况（如结冰，雨、雪、霜等）。在野外恶劣环境中，气象站进行了三级防雷措施，从而保证了系统的稳定运行。

气象站的耗电量较小，因此可采用的供电方式较多，如蓄电池、直流电和太阳能电池等，为用户提供多种选择的余地。气象站供电标配蓄电池＋太阳能电池板，灵活适应各种种植基地安装。

在气象检测系统中，最核心的是各种气象信息＋土壤墒情监测，在实际使用中，其维护量非常小，真正做到了免维护。

（2）土壤墒情监测器。包括土壤水分传感器、土壤 pH 值传感器、数据采集器（图 7-18），采用无线通信方式，传感器采集终端集合太阳能和锂电池形成

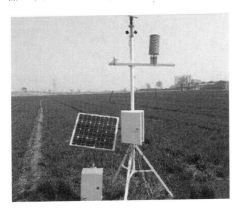

图 7-17　小型气象站效果图

图 7-18　土壤墒情监测器效果图

循环充放电，通过无线方式与土壤墒情通信。土壤墒情监测器配套的软件可根据用户需要灵活设定墒情参数的采样周期和存储周期、巡测和召测数据及分析数据等功能。

（3）田间实时监控系统。在综合服务中心、泵站、滴灌区、微喷灌区和喷灌区等区域各设置网络红外球机1个（130万分辨率、红外150m20倍变焦），通过24V/POE供电，实时传输图像到中控室（图7-19和图7-20）。控制室内配有27dBm无线传输AP网桥（CPE），2TB容量监控高清硬盘，利用无线传感网络、无线射频等物联感知技术，精确获取农业生产情况、生态环境数据。当项目区出现虫害时，可实现植保专家远程实时遥控诊断，提出最佳防治方案。

图7-19　田间实时监控系统效果图　　　　图7-20　摄像头效果图

8 山丘坡地高效节水灌溉辅助设计软件应用

在山丘坡地开展规模化高效节水灌溉工程设计，由于规模面积大且耕地高低不平，如仍采用手工进行设计计算，计算、绘图工作量大，会严重影响设计进度和质量，采用计算机辅助设计是必然趋势。

目前，国外一些相关软件虽然功能强大，但是不同国家采用不同的微灌技术标准，在设计理论和设计方法上同我国存在较大差别，而且国外软件产品数据库中的滴灌设备均为外国产品，选型受到限制，受到不同国家的地理、气候、土壤条件等情况不同的限制，国内用户使用国外软件存在诸多不便。为此，结合广西坡耕地发展规模化发展高效节水灌溉需要，研发适合坡耕地需要的滴灌工程规划设计软件。

该设计软件是基于现行滴灌工程技术规范，研发出集滴灌技术参数输入和计算、管网布置、水力计算、图形绘制、材料设备统计、图表输出、滴灌设计报告生成等功能于一体的滴灌工程设计软件。该软件可将图形与数据集成，采用数据库技术将相关材料及设备统一管理，充分利用人机交互方式绘制管网布置图并进行轮灌组划分，根据地形图自动读取管道高程，按照管网布置图自动汇总管道流量，可自动生成水力计算表和设计报告，大幅度提高设计效率与质量，改变当前主要依靠人工计算绘图或依赖国外设计软件的现状。

8.1 软件开发流程

滴灌 CAD 辅助设计系统软件采用 C♯ 和 AutoCAD. NET API 技术进行开发，充分地体现了 C♯ 可视化、面向程序对象和强大的数据库访问功能的特色。系统程序由 27 个窗体、14 个类模块、1 个公共函数库组成，源程序代码达 30 万行，它把计算、设计、绘图等工作结合在一起，基本实现了滴灌工程设计的自动化，大大地缩短了工程设计的时间，提高了工程设计的效率和精度，减少了设计人员的繁琐劳动。软件开发流程如图 8-1 所示。

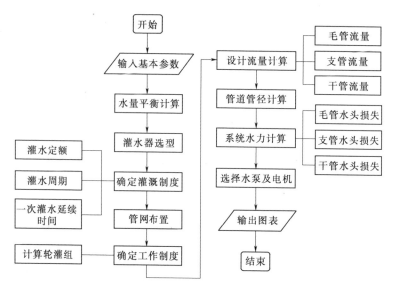

图 8-1 高效节水灌溉工程设计软件开发流程图

8.2 软件主要功能简介

软件主要分为滴灌工程设计和滴灌工程数据库两大部分，其中：滴灌工程设计主要分为工程设置、灌溉设计、管网设计与布置、管网计算数检、管道流量及管径计算、管道编辑、管网水力计算、水泵选型、材料设备表和设计报告生成几部分；滴灌工程数据库包含管材规格表，滴灌带规格表，管道配件表，过滤设备表，施肥设备表，水泵、电机设备表和其他配件表，为滴灌工程设计过程中涉及的材料选择服务。

利用该软件完成滴灌工程设计之后，可以进行图表输出，主要包括滴灌系统平面布置图、管网水力计算表、轮灌组划分表、材料设备表和设计报告生成等成果的输出。

8.2.1 工程设置

工程设置部分主要是对图层的设置，图层设置分为专业图层、CAD 图层、CAD 颜色、CAD 线型、CAD 线宽 5 列，专业图层为软件默认图层，CAD 图层为设计人员自设图层，两者名称可不相同，但在使用过程中要求设计人员将 CAD 图层与专业图层进行匹配，以便后期绘图使用。CAD 颜色、线宽、线型同 CAD 软件自带的颜色、线宽、线型相同，若打开的 CAD 图中某图层为空白，此三列可以编辑，若某图层已编辑好颜色、线宽、线型，此三列不可编辑。

图层设置分两种情况供用户使用：一种情况是，用户使用该软件进行滴灌工程全套设计，在软件打开的 CAD 界面中绘图，软件将根据自身设置进行相应计算；另一种情况是，管网布置图已经完成，需要该软件进行计算，用户可以在 CAD 图层中选择与专业图层对应的图层或者计算机根据图层颜色自动匹配，成功后即可进行计算。图层设置界面如图 8-2 所示。

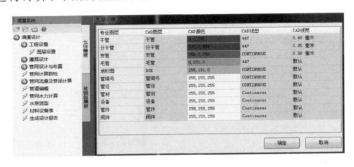

图 8-2 图层设置界面

8.2.2 灌溉设计

灌溉设计包含技术参数输入、水量平衡与调蓄计算、毛管设计、灌溉制度四部分。

（1）技术参数输入。技术参数包含了滴灌设计过程中需要的基本参数，对于确定以及必要参数，可在该部分输入，对于不确定的参数，可以在对应步骤中进行输入，软件会统一保存设计过程中需要的参数。技术参数输入界面如图 8-3 所示。

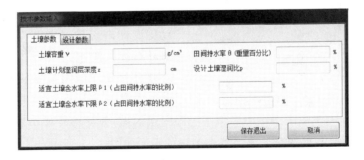

图 8-3 技术参数输入界面

（2）水量平衡与调蓄计算。为验算设计过程中供水能力能否满足灌溉需求，需进行水量平衡与调蓄计算。水量平衡与调蓄计算方式分为"以地定水"和"以水定地"两种，水源情况分为"供水流量稳定且无调蓄"以及"有调蓄能力"两种，用户选好计算方式和水源情况，输入对应参数，软件即可进行水量平衡计算，如果满足水量平衡计算条件，则继续进行设计；如不满足，则要做出调整，直至满足水量平衡计算条件为止。水量平衡与调蓄计算界面如图 8-4 所示。

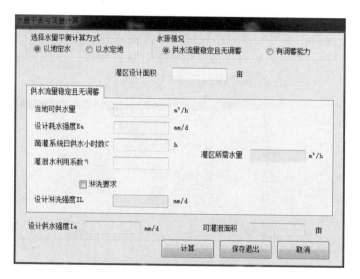

图 8-4 水量平衡与调蓄计算界面

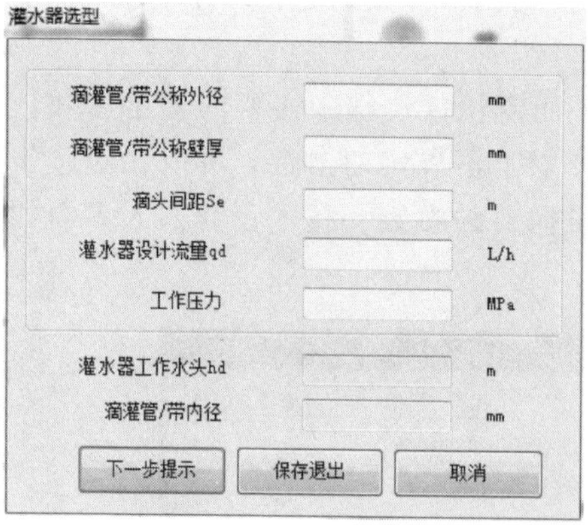

（3）毛管设计。毛管设计是确定灌溉制度和管网布置前的准备工作，包含灌水器选型、灌水器水力计算、压力偏差分析、极限长度计算以及毛管间距和长度五部分。其中灌水器选型为必要步骤，其余部分可根据实际情况有所取舍：若根据灌区实际情况以及设计者经验选择毛管铺设长度，则可不进行灌水器水力计算、压力偏差分析和允许最大长度的计算，直接进行灌溉制度计算；若要以毛管允许最大长度为参考选定毛管铺设长度，

图 8-5 灌水器选型设计界面

那么这三个部分不可忽略。灌水器选型设计界面如图 8-5 所示。

（4）灌溉制度。灌溉制度部分主要是进行计算，依据 GB/T 50485《微灌工程技术规范》计算最大净灌水定额、设计灌水周期、设计灌水定额以及一次灌水延续时间。每个窗口都有相应参数输入，后台自动进行计算。灌溉制度计算设计界面如图 8-6 所示。

8.2.3 管网设计与布置

管网设计与布置负责该软件的绘图功能，导入地形图以后，设计者可以依据地形图绘制管网布置图，例如，点击左侧 ⚡干管 图标，即可绘制干管，可以设

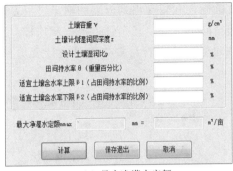

(a) 最大净灌水定额

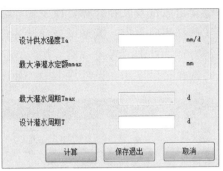

(b) 设计灌水周期

(c) 设计灌水定额 (d) 一次灌水延续时间

图 8-6 灌溉制度计算设计界面

置干管编号、字体、字高，软件自动识别管道高程并保存后期设计时需要的数据。分干管和支管的绘制与干管相同。管网设计与布置界面如图 8-7 所示。

图 8-7 管网设计与布置界面

8.2.4 管网计算数检

用软件绘图时，为实现管网水力计算自动化，管网布置须按照系统设定规则绘制，系统自带数据检查功能，数据检查全部通过时才能进行下一步操作。数据检查界面如图 8-8 所示。

8.2.5 管网流量及管径计算

管网流量及管径计算主要包括

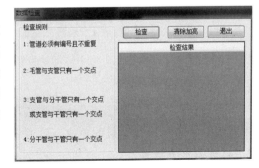

图 8-8 数据检查界面

113

各级管道流量及管径计算，以及轮灌制度的确定和轮灌组划分表的输出。只要设计者选择相应管道，流量可自动计算得出，除毛管外，其余管道根据流速推算出经济管径，点击"管道规格"按钮，可调出数据库中管材规格表供设计者选择，并将选择结果显示在设计界面中，如图8-9所示。

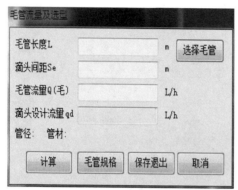 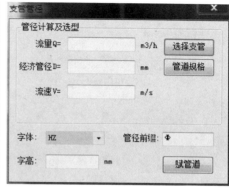

图8-9　管网流量及管径计算设计界面

　　为符合计算机运算顺序，将轮灌制度放在支管和分干管管径计算中间，计算完轮灌组数目后，进行轮灌组划分，手动选择支管，软件自动生成轮灌组划分表，并能导出Excel格式的表格，如图8-10所示。

图8-10　轮灌组划分表设计界面

8.2.6　管道编辑

　　如果设计人员对之前管道设计不满意，可进行管道编辑，选择相应管道，进行管道编号、管径以及管材的更改。管道编辑设计界面如图8-11所示。

8.2.7　管网水力计算

　　灌溉管网的水力设计一直是灌溉工程设计的难点之一，尤其是对多口出流管道的水力计算，其计算复杂，工作量大，一直以来缺少精确、简便、直观、快捷的计算方法。管网水力计算模块以灌溉设计和管网布置部分为基础，通过管网布置模块所完成的管网布置图为基础进行水力计算，水力计算中将用户所完成的管网布置图映射为计算机所识别的逻辑关系，进而提取管网中管材、管件的扩展数据，对管网水力性能进行计算。

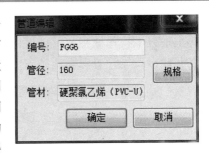

图 8-11 管道编辑设计界面

该模块借助计算机在计算方面的优势，同时与管网布置图想结合，可以准确、高效地完成管网的水力计算，该模块可以生成管网水力计算表，如图 8-12 所示。

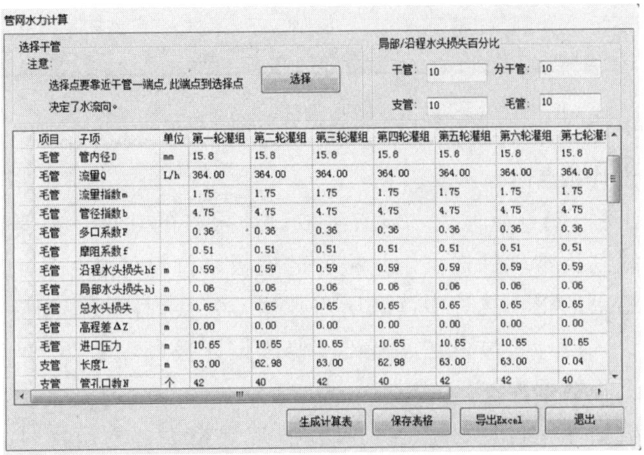

图 8-12 管网水力计算表界面

8.2.8 水泵选型

根据计算得出的滴灌系统流量、扬程数值，点击"水泵规格"按钮，调出水泵设备表，选择流量、扬程与滴灌系统流量、扬程相近的水泵，实现水泵选型功能，如图 8-13 所示。

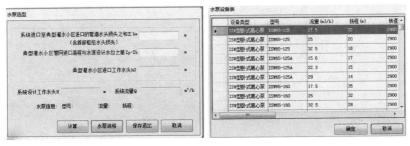

图 8-13 水泵选型界面

8.2.9 材料设备表

根据以上操作流程，软件可以自行统计各规格管材长度，生成初步的材料设备表并输出，设计者可在此基础上添加管件及设备，如图 8-14 所示。

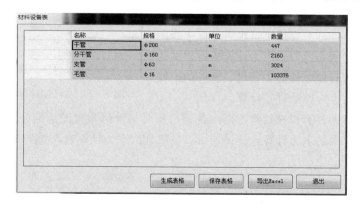

图 8-14 材料设备表设计界面

8.2.10 生成设计报告

国内灌溉工程 CAD 软件大多没有生成设计报告的功能，需要设计人员在设计过程中单独编制。本软件提供设计报告的模板，待设计结束后，软件从保存基本参数及设计结果的工程文件中读取所需数据，替换到模板中相应位置，生成软件设计初步报告，设计人员可在此基础上修改设计报告。

8.2.11 滴灌工程数据库

滴灌工程数据库包含管材规格表，滴灌带规格表，管道配件表，过滤设备表，施肥设备表，水泵、电机设备表和其他配件表（图 8-15），允许用户对数据库进行增加、删除、修改操作，并提供数据库备份功能。

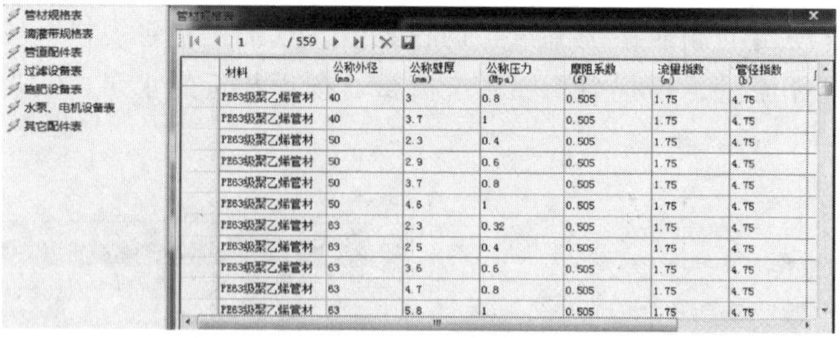

图 8-15 滴灌数据库设计界面

8.3 软件特点

滴灌 CAD 辅助设计系统软件可以应用于滴灌工程设计，与同类软件相比，

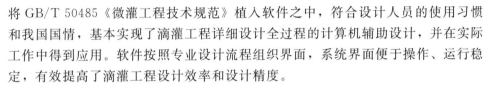

将 GB/T 50485《微灌工程技术规范》植入软件之中，符合设计人员的使用习惯和我国国情，基本实现了滴灌工程详细设计全过程的计算机辅助设计，并在实际工作中得到应用。软件按照专业设计流程组织界面，系统界面便于操作、运行稳定，有效提高了滴灌工程设计效率和设计精度。

软件在技术和使用上的优点主要体现在：

（1）基于 BIM 理念，将图形与数据集成，基于现行滴灌相关规范，将专业性与 CAD 平台集成。通过 CAD 提供的技术手段，将普通几何线条与物理参数相关联，例如：大量的管道，几何上用普通直线来表达，通过这种技术，不但可查询到管道几何参数，而且可查询到管道的编号、管材、管径等非几何参数，而这些参数是做专业计算的基础，体现了 BIM 精髓。软件还将现行规范直接内置，包括专业上参数取值、计算公式及复杂的按照轮灌组划分水力计算等，使用户更专注于专业设计而不是将大量时间花费在 CAD 制图上。

（2）采用数据库技术将若干材料及设备统一管理。滴灌系统包括大量的材料与设备，例如：管道、弯头、三通、四通、水泵等，而且这些设备由众多厂家生产，通过数据库，将这些信息分类管理，不但可动态更新库里设备信息，而且实现了设备选型及多方案比较，真正做到设计优化。

（3）软件自动化、可配置化程度较高。同国内相似软件相比，该软件最大的优势在于可以根据地形图识别管道高程，可以自动计算管道首末段的高程值，用于水力计算过程，具有一定的突破性和创新性。通过参数及计算结果，可自动生成专业图表及设计报告；通过将菜单与存储文件关联，可实现界面可配置，增强了软件的适应性和可配置性，减少了软件维护难度。

（4）软件具备良好的实用性、推广性。滴灌作为喷微灌中具有代表性的一种节水灌溉技术，可以适应各种地形，软件以滴灌作为代表进行开发，开发难度适中，可为一般滴灌工程设计提供便利，同时可以拓展开发喷灌以及其他微灌技术的计算机辅助设计，应用前景广阔。